H. Wenzel / G. Heinrich

Übungsaufgaben zur Analysis Ü 1

Übungsaufgaben zur Analysis Ü 1

Von Prof. Dr. Horst Wenzel
und Dipl.-Math. Gottfried Heinrich

6. Auflage

B. G. Teubner Stuttgart · Leipzig 1999

Das Lehrwerk wurde 1972 begründet und wird herausgegeben von:
Prof. Dr. Otfried Beyer, Prof. Dr. Horst Erfurth,
Prof. Dr. Christian Großmann, Prof. Dr. Horst Kadner,
Prof. Dr. Karl Manteuffel, Prof. Dr. Manfred Schneider,
Prof. Dr. Günter Zeidler

Verantwortlicher Herausgeber dieses Bandes:
Prof. Dr. Karl Manteuffel

Autoren:
Prof. Dr. rer. nat. habil. Horst Wenzel (Abschnitte 7.–10. und 14.–16.)
Dipl.-Math. Gottfried Heinrich (Abschnitte 1.–6. und 11.–13.)
Technische Universität Dresden

Gedruckt auf chlorfrei gebleichtem Papier.

Die Deutsche Bibliothek – CIP-Einheitsaufnahme

Übungsaufgaben zur Analysis : **Ü 1 /**
H. Wenzel ; G. Heinrich. [Verantw. Hrsg.: Karl Manteuffel]. –
Stuttgart ; Leipzig : Teubner
1. – 6. Aufl. – 1999
(Mathematik für Ingenieure und Naturwissenschaftler)
ISBN 3-519-00250-7

Printed in Germany
Druck und Bindung: Druckhaus „Thomas Müntzer“ GmbH, Bad Langensalza
Umschlaggestaltung: E. Kretschmer, Leipzig

Vorwort zur 5. Auflage

Diese bewährte Aufgabensammlung für Ingenieure und Naturwissenschaftler wird seit vielen Jahren sowohl im Direktstudium als auch im Fernstudium an Universitäten und Fachhochschulen verwendet. Neben innermathematischen Problemstellungen findet der Leser auch einfache naturwissenschaftliche, technische und ökonomische Sachverhalte.

Bei der Erarbeitung dieses Übungsbandes wurden die Erfahrungen aus den Mathematik-Lehrveranstaltungen an der Technischen Universität Dresden und an anderen Hochschulen genutzt.

Aufgaben mit etwas höherem Schwierigkeitsgrad oder umfangreicherem Rechenaufwand sind mit einem Stern gekennzeichnet.

Unser besonderer Dank gilt den Herren Dipl.-Math. Helmut Ebmeyer (Dresden, Mitarbeit bei den Abschnitten 1.–6. und 11.–13.) und Dr.-Ing. Ralf Kuhrt (Berlin, Mitarbeit bei den Abschnitten 7.–10. und 14.–16.).

Auch weiterhin sind wir für Hinweise und Vorschläge, die der Verbesserung der Aufgabensammlung dienen, stets dankbar.

Dresden, Juni 1997

H. Wenzel
G. Heinrich

Inhalt

1. Logik

1.1. Welche der folgenden schriftlichen Gebilde bzw. Formulierungen sind Aussagen; man bestimme gegebenenfalls ihren Wahrheitswert.

a) $2 + 1 = 15$, b) $\int e^{x^2}\, dx$, c) $2^{216091} - 1$ ist eine Primzahl.

d) Halten Sie mal bitte! e) $\frac{d^5(x^5)}{dx^5} = 120$. f) Warum ist $\frac{\pi}{2}$ größer als 1?

g) Am 30. September 2003 wird es in Vitte keinen Verkehrsunfall geben.
h) Das ist stets ein günstiges Angebot!
i) $3C_2H_5OH + PCl_3 \rightarrow 3C_2H_5Cl + P(OH)_3$.
j) Wenn ein rechtwinkliges Dreieck gleichseitig ist, so hat eine Kathete die Länge $\sqrt{\pi}$.
k) Zwei rechtwinklige Dreiecke sind ähnlich, wenn die Differenz der spitzen Winkel des einen Dreiecks gleich der entsprechenden Differenz des anderen Dreiecks ist.
l) Aller Irrtum ist maskierte Wahrheit.
m) lg 7 ist eine rationale Zahl.

1.2. Folgende Aussagen sollen betrachtet werden:

p: „Die Ware ist verdorben“,
q: „Die Ware darf nicht verkauft werden“.
Es sind verbal alle Fälle anzugeben, in denen die Aussagenverbindung „$p \Rightarrow q$“ wahr ist.

1.3. Welche der folgenden Aussagen sind wahr, wenn p und auch q wahr sind?

a) $p \wedge \bar{q}$, b) $\bar{p} \wedge q$, c) $\overline{(p \wedge q)}$,
d) $p \Rightarrow q$, e) $p \vee \bar{q}$, f) $\overline{(\bar{p} \wedge q)}$,
g) $(\bar{p} \vee \bar{q}) \wedge \bar{p}$, h) $\overline{(p \Rightarrow q)}$.

1.4. Man gebe jeweils eine Aussage p an, so daß mit q: „Das Parallelogramm D ist ein Quadrat“, gilt:

a) $q \Rightarrow p$, aber nicht $p \Rightarrow q$, c) $p \Leftrightarrow q$.
b) $p \Rightarrow q$, aber nicht $q \Rightarrow p$,

1.5. Welche der folgenden Implikationen sind für beliebige reelle Zahlen a, b, c, d stets wahr?

a) $(a > b) \Rightarrow (a^2 > b^2)$,
b) $(a > b > c > 0) \Rightarrow (a^2 > ab > b^2 > bc > c^2)$,
c) $[(a - b)^2 + 2ab > a^2 + b^2] \Rightarrow (a^2 > 12ab)$,
d) $(a > b) \wedge (c < d) \Rightarrow (a - c > b - d)$,
e) $(ab > cd) \Rightarrow \left(\frac{a}{d} > \frac{c}{b}\right)$ $(b, d \neq 0)$.

1.6. Man bilde die Negation von:

a) Eine notwendige Bedingung dafür, daß zwei Dreiecke kongruent sind, ist, daß sie gleichen Flächeninhalt haben.
b) Zu jedem Mann gibt es mindestens eine Frau, die ihn nicht liebt.

1.7. Man gebe die Wahrheitstafeln folgender Aussagenverbindungen an:

a) $p \wedge (q \vee r)$, b) $(p \Rightarrow q) \Rightarrow r$,

c) $(p \Rightarrow q) \Rightarrow q$, d) $[p \vee q] \wedge [\overline{(r \vee q)}]$.

Wie können demnach c) und d) vereinfacht dargestellt werden?

1.8. Mit Hilfe von Wahrheitstafeln zeige man:

a) $(p \Rightarrow q) \Leftrightarrow (\bar{p} \vee q)$,

b) $\overline{(p \vee q)} \Leftrightarrow (\bar{p} \wedge \bar{q})$,

c) $\overline{(p \wedge q)} \Leftrightarrow (\bar{p} \vee \bar{q})$,

d) $[(p \wedge q) \vee (\bar{p} \wedge \bar{q})] \Leftrightarrow [p \Leftrightarrow q]$,

e) $[p \wedge (q \vee r)] \Leftrightarrow [(p \wedge q) \vee (p \wedge r)]$,

f) $[p \vee (q \wedge r)] \Leftrightarrow [(p \vee q) \wedge (p \vee r)]$.

1.9. $Z(x, y)$ sei eine Aussageform. Man bilde die Negation von:

a) $\forall x\, \forall y\colon Z(x, y)$, b) $\forall x\, \exists y\colon Z(x, y)$,

c) $\exists x\, \forall y\colon Z(x, y)$, d) $\exists x\, \exists y\colon Z(x, y)$.

1.10. Es seien x und y Variable für reelle Zahlen. Man bestimme die Wahrheitswerte von:

a) $\forall x\, \forall y\colon y = x^2$, b) $\forall x\, \exists y\colon y = x^2$,

c) $\exists x\, \forall y\colon y = x^2$, d) $\exists x\, \exists y\colon y = x^2$,

e) $\forall y\, \exists x\colon y = x^2$, f) $\exists y\, \forall x\colon y = x^2$.

Ändert sich die Lösung in dem Fall, daß x und y Variable für komplexe Zahlen sind?

2. Beweisprinzipien

2.1. Man zeige, daß für die endliche geometrische Reihe die Darstellung

$$1 + q + q^2 + \ldots + q^n = \begin{cases} \dfrac{1 - q^{n+1}}{1 - q}, & \text{falls } q \neq 1 \text{ ist,} \quad \text{für } n \in N,\ q \text{ reell,} \\ (n+1), & \text{falls } q = 1 \text{ ist,} \end{cases}$$

gilt. Welche Situationen ergeben sich beim Grenzübergang $n \to \infty$?

2.2. Beweisen Sie durch vollständige Induktion:

a) $\sum_{k=1}^{n} k^2 = \dfrac{n(n+1)(2n+1)}{6}$, b) $\sum_{k=1}^{n} (2k-1) = n^2$,

c) $\sum_{k=1}^{n} k^3 = \binom{n+1}{2}^2$, d) $\sum_{k=1}^{n} \dfrac{k}{2^k} = 2 - \dfrac{n+2}{2^n}$,

e) $3 \cdot \sum_{k=1}^{n+1} (2k-1)^2 = 4n^3 + 12n^2 + 11n + 3$,

f) $\sum_{k=1}^{n} kx^k = \begin{cases} \dfrac{x}{x-1}\left(nx^n - \dfrac{x^n-1}{x-1}\right) & \text{für} \quad x \neq 1, \\ \dfrac{n(n+1)}{2} & \text{für} \quad x = 1, \end{cases}$

g) $\sum_{k=1}^{n} \cos(2k-1)\,x = \dfrac{\sin 2nx}{2\sin x}$ $\quad (x \neq m\pi,\ m$ ganze Zahl),

h) $\sum_{k=1}^{n} \dfrac{1}{\sqrt{k}} > \sqrt{n} \quad (n = 2, 3, \ldots).$

2.3. Für welche natürlichen Zahlen n gilt:

a) $n! \geqq 3^n$, b) $2^n > 2n + 1$, c) $2^n > n^3$,

d) $4^n > n^4$ (man benutze das Ergebnis b)), e)* $\dfrac{(n!)^2 \cdot 2^n}{(2n)!} < \left(\dfrac{2}{3}\right)^{n-1}$,

f) $6 \leqq \dfrac{265n}{4n^2 + 121}$?

2.4. Durch indirekten Beweis zeige man, daß

a) $\sqrt{3}$, $\log_2 6$, $\dfrac{1+3\sqrt{2}}{1-\sqrt{2}}$ irrationale Zahlen sind,

b) die Gleichung $e^x = 0$ für keine reelle Zahl x eine Lösung hat,

c) $(a^2 + b^2)^2 \geqq 4ab(a-b)^2$ für beliebige reelle Zahlen a, b gilt,

d) für reelle Zahlen a, b mit $0 < a < b$ die Ungleichung $\sqrt{b} - \sqrt{a} < \sqrt{b-a}$ gilt,

e) die Umkehrfunktion einer streng monoton fallenden Funktion ebenfalls streng monoton fallend ist,

f)* $\sqrt{p}$ für jede Primzahl p irrational ist.

2.5.* Man untersuche die durch

$$y(x) = \sum_{\nu=1}^{n} (a_\nu - xb_\nu)^2$$

gegebene Parabel auf ihre Nullstellen und leite daraus die Cauchy-Schwarzsche Ungleichung

$$\sum_{\nu=1}^{n} a_\nu b_\nu \leqq \sqrt{\sum_{\nu=1}^{n} a_\nu^2 \sum_{\nu=1}^{n} b_\nu^2}$$

ab (a_ν, b_ν, $\nu = 1, \ldots, n$, beliebige reelle Zahlen).

3. Zahlen

3.1. Für welche reellen Zahlen x gilt:

a) $x + 2 > 4 - x$, b) $3 - 2x > x - 9$, c) $\dfrac{x}{3} + 1 \leqq 3 - \dfrac{3}{2}x$,

d) $\frac{x-2}{4+2x} < x$, e) $\frac{3x+2}{3-2x} \geqq 2$, f) $x-1 < \frac{2x-4}{x-2}$,

g) $\frac{4x+3}{5-2x} \leqq 3$, h) $\frac{x^2+6x+4}{x^2+x+6} > 1$.

3.2. Gesucht sind alle reellen Zahlen x, für die gilt:

a) $5x - x^2 \geqq 0$, b) $x^2 + x - 6 < 0$, c) $-6x^2 + 13x < 6$,

d) $\frac{x-2}{x+3} < 2x$, e) $\frac{x^2-9}{x-5} \geqq 2$, f) $\frac{3x+5}{2x+1} \geqq 2x$,

g) $(x-a)(a-x) < 2ax$, $a \in R^1$, h) $x^3 - 4x^2 - 52x > 80$.

3.3. Man bestimme alle reellen Werte x, für die gilt:

a) $\left|\frac{3}{2}x - 2\right| = \frac{5}{2}$, b) $|x-4| < 6$, c) $|1+x| \geqq 4$, d) $|2x+1| = |x-1| + 1$,

e) $\left|\frac{x-3}{2x+4}\right| < 1$, f) $\left|\frac{x+3}{2x-5}\right| > 3$, g) $|x-1| + |x+5| \leqq 4$,

h) $2|x-7| < 7(x+2) + |5x+2|$, i)* $\big|1 - |2 - |x||\big| = 1$,

j)* $|2 - |x+1| - |x+2|| = 1$, k)* $||x+1| - |x+3|| < 1$.

3.4. Welche reellen Werte von x erfüllen die Ungleichung:

a) $\ln|x+4| > 1$, b) $\sqrt{4x - x^2 - 4} > 3$, c) $|\tan x| < 1$, d) $|1 + \lg x| < 3$,

e) $\mathrm{e}^{1-\left|x^2-\frac{5}{4}\right|} > 1$, f) $|\sin(2x+3)| \leqq \frac{1}{2}$, g)* $x < \sqrt{a+x}$, $a > 0$?

3.5. In der x,y-Ebene skizziere man den Lösungsbereich von:

a) $y \geqq 1 - x$ und $2y < 5x + 1$, b) $(x-1)^2(y+5) > 0$, c) $|xy| = 1$,
d) $y \geqq 2 - x^2$ und $x^2 + (y-2)^2 = 4$, e) $|x-1|y \geqq 1$,
f) $y - \mathrm{e}^{|x|} > 0$, g) $|x| + |y| \leqq l$ $(l > 0)$.

3.6. Man überlege sich, daß $|a| \leqq |a+b| + |b|$ für beliebige reelle Zahlen a, b gilt und weise damit die Ungleichung $||a| - |b|| \leqq |a+b|$ nach.

3.7. Zeigen Sie, daß für nichtnegative Zahlen a, b, c, d gilt:

a) $\frac{a}{b} + b \geqq 2\sqrt{a}$, $(b > 0)$, b) $(a+b)^3 \leqq 4(a^3 + b^3)$,

c) $\sqrt{ac} + \sqrt{bd} \leqq \sqrt{(a+b)(c+d)}$.

3.8. Mittels vollständiger Induktion beweise man die Ungleichung

$$\prod_{i=1}^{n}(1+a_i) \geqq 1 + \sum_{i=1}^{n} a_i,$$

wenn die a_i reelle Zahlen sind mit $a_i \geqq -1$ und $a_i \cdot a_j \geqq 0$ für $i, j = 1, 2, \ldots, n$. Welchen Ungleichungstyp erhält man für $a_1 = a_2 = \ldots = a_n$?

3.9. Man berechne $z_1 + z_2$, $z_1 - z_2$, $z_1 \cdot z_2$, $\frac{z_1}{z_2}$, $\bar{z}_2 \cdot z_1$, $\bar{z}_2 \cdot z_2$ von:

a) $z_1 = 1 + \mathrm{i}\sqrt{3}, \quad z_2 = 1 - \mathrm{i}$, b) $z_1 = 2 + 3\mathrm{i}, \quad z_2 = 3 - 5\mathrm{i}$,
c) $z_1 = 4 - 5\mathrm{i}, \quad z_2 = 4 + 5\mathrm{i}$, d) $z_1 = \mathrm{i}, \quad z_2 = -2 - 4\mathrm{i}$.

3.10. Welche komplexe Zahl ist das Spiegelbild von $z \neq 0$ bei Spiegelung

a) am Ursprung, b) an der reellen Achse,
c) an der imaginären Achse,
d) an der Winkelhalbierenden des I. und III. Quadranten,
e) an der Winkelhalbierenden des II. und IV. Quadranten?

3.11. Welche der folgenden Ungleichungen sind richtig?

a) $-2\mathrm{i}^2 < 5$, b) $(\mathrm{i} + 2)^2 > 0$,
c) $\mathrm{i}^2 + 2 > 0$, d) $\sin\varphi \leqq |\mathrm{e}^{\mathrm{i}\varphi}|$,
e) $(1 + \mathrm{i})^4 > 0$, f) $|\sqrt{21}\,\mathrm{i} - 6| < |7 + 3\mathrm{i}|$.

3.12. Von der komplexen Zahl z bestimme man Real- und Imaginärteil:

a) $z = \frac{1}{\mathrm{i} + 1}$, b) $z = \frac{3 + 2\mathrm{i}}{1 + \mathrm{i}}$, c) $z = \left(\frac{1 + \mathrm{i}}{1 - \mathrm{i}}\right)^2$,

d) $z = \frac{(2\mathrm{i} + 1)(\mathrm{i} - 2) + 1}{(2 - \mathrm{i})^2 - 2 + \mathrm{i}}$, e) $z = (3\mathrm{i} - \sqrt{3})^4$, f) $z = \left(2\mathrm{e}^{\mathrm{i}\frac{\pi}{6}}\right)^{18}$,

g) $z = 64 \cdot (\sin^2\varphi + \mathrm{i}\sqrt{3} + \cos^2\varphi)^{-6}$, h) $z = r\mathrm{e}^{\mathrm{i}\varphi}$ mit $r = 4$, $\varphi = \frac{5}{6}\pi$,

i) $z = r\mathrm{e}^{\mathrm{i}\varphi}$ mit $r = 2\sqrt{3}$, $\varphi = -\frac{2}{3}\pi$.

3.13. Berechnen Sie den absoluten Betrag und das Argument der komplexen Zahlen, und geben Sie die trigonometrische und die exponentielle Form an:

a) $z = \mathrm{i} + 1$, b) $z = \sqrt{3} + \mathrm{i}$, c) $z = -\frac{1}{2} + \mathrm{i}\frac{\sqrt{3}}{2}$,

d) $z = \frac{1 + 2\mathrm{i}}{2 - \mathrm{i}}$, e) $z = \frac{2 - \mathrm{i}}{3\mathrm{i} + (\mathrm{i} - 1)^2}$, f) $z = \mathrm{i} + \frac{1 + \mathrm{i}}{3 + \mathrm{i}}$,

g) $z = \frac{(1 - \mathrm{i})^2}{1 + \mathrm{i}}$.

3.14. Man stelle folgende Zahlen in trigonometrischer Form und in der Gestalt $x + \mathrm{i}y$ dar:

a) $(1 - \mathrm{i})^6$, b) $\mathrm{e}^{3\pi\mathrm{i}}$, c) $(2 - \mathrm{i}\sqrt{3})^3$, d) $\mathrm{e}^{2 - 6\pi\mathrm{i}}$,

e) $(\mathrm{i} - \sqrt{3})^8$, f) $\left(\sqrt{2 - \sqrt{3}} + \mathrm{i}\sqrt{2 + \sqrt{3}}\right)^3$, g) $\mathrm{e}^{4 - \mathrm{i} \cdot 3{,}5\pi}$,

h) $\left(\frac{3}{2} + \mathrm{i}\frac{\sqrt{3}}{2}\right)^6$, i) $\mathrm{e}^{3 + \mathrm{i}\frac{\pi}{3}}$, j) $(1 - \mathrm{i})^{13}$.

3.15. Geben Sie die komplexen Zahlen $z_1 = 4\mathrm{i}$, $z_2 = \sqrt{2} + \sqrt{6}\,\mathrm{i}$, $z_3 = 3\sqrt{3} - 3\mathrm{i}$, $z_4 = -3 - 3\mathrm{i}$ in exponentieller Darstellung an! Berechnen Sie mit deren Hilfe:

a) $z_5 = \dfrac{z_2^4}{z_1}$, b) $z_6 = \dfrac{z_3^3}{z_4^4}$, c) $z_7 = \dfrac{\bar{z}_2 \cdot z_4}{\bar{z}_3^2}$, d) $z_8 = \dfrac{24^2 \cdot \bar{z}_1^5 \cdot z_4^2}{\bar{z}_2^8 \cdot z_3^4}$.

3.16. Für welche Punkte $z = x + \mathrm{i}y$ der Gaußschen Zahlenebene gilt:

a) $|\arg z| < \dfrac{\pi}{2}$, b) $0 < \sqrt{2}\ \mathrm{Im}(z) < |z|$, c) $|z + 4\mathrm{i} - 3| = 3$,

d) $|z + 2 - \mathrm{i}| \geqq 2$, e) $\dfrac{\bar{z}}{z} = 1$, f) $|z + 1| \leqq |z - 1|$,

g) $|z + 1| \leqq 2|z - 1|$, h) $\dfrac{1}{z} + \dfrac{1}{\bar{z}} = 1$, i) $\mathrm{Re}(z^2) = c$ (c reell),

j) $|z| + \mathrm{Re}(z) = 1$, k) $|z + 2\mathrm{i}| > |2z + \bar{z}|$,

l) $5z \cdot \bar{z} + 18\mathrm{Im}(z) \leqq 4\mathrm{Re}(z^2)$, m)* $(z - \bar{z})^2 - (z + \bar{z})^2 = c$ (c reell).

3.17. Bestimmen Sie alle verschiedenen Werte w_j, $j = 0, 1, \ldots, (n-1)$, die sich für $\sqrt[n]{z}$ ergeben!

a) $\sqrt{5 + 12\mathrm{i}}$, b) $\sqrt{8 - 15\mathrm{i}}$, c) $\sqrt[3]{-2 + 2\mathrm{i}}$,

d) $\sqrt[3]{\mathrm{i}}$, e) $\sqrt[4]{-8 + \mathrm{i}8\sqrt{3}}$, f) $\sqrt[5]{5 + 8\mathrm{i}}$.

3.18. Man löse die Gleichungen:

a) $z^6 = 1$, b) $z^4 = -1$,

c) $z^3 = 8\mathrm{i}$, d) $z^4 = \dfrac{1}{2}(\mathrm{i}\sqrt{3} - 1)$,

e) $z^5 + 10 - 5\mathrm{i} = 0$, f) $z^2(1 + \mathrm{i}) = 2z$,

g) $(z - 3\mathrm{i})^6 + 64 = 0$, h) $|z| = z \cdot \bar{z}$,

i) $z^2 - 2\mathrm{i}z + 8 = 0$, j) $z^2 - z + \mathrm{i}z - \mathrm{i} = 0$.

3.19. Welche Kurven besitzen in der Gaußschen Zahlenebene folgende Parameterdarstellungen:

$$z(t) = a\,\mathrm{e}^{\mathrm{i}t} + \frac{1}{a}\,\mathrm{e}^{-\mathrm{i}t}, \qquad (a \neq 1, \quad a > 0, \quad 0 \leqq t \leqq 2\pi)\,?$$

Man gebe für $a = 2$ eine Skizze an!

3.20.* Für die durch die Gleichung $|z^2 - 1| = 1$ bestimmte Punktmenge ist eine Parameterdarstellung in der Form $z = z(\varphi) = r(\varphi)\,\mathrm{e}^{\mathrm{i}\varphi}$ anzugeben.

4. Kombinatorik

4.1. Sechs Personen werden namentlich in eine Liste eingetragen. Auf wie viele verschiedene Arten der Reihenfolge ist das möglich?

4.2. Bei der Herstellung eines Maschinenteils sind 7 Arbeitsgänge notwendig. Nach dem ersten Arbeitsgang folgen 4 Arbeitsgänge, die in beliebiger Reihenfolge durchgeführt werden können. Eine weitere Bearbeitung ist aber erst nach Abschluß der ersten fünf Arbeitsgänge möglich. Die Reihenfolge der zwei restlichen Arbeitsgänge ist wiederum beliebig. Wie viele Bearbeitungsreihenfolgen sind bei der Herstellung des Maschinenteils möglich?

4.3. a) Wie viele verschiedene dreibuchstabige „Wörter" lassen sich aus 5 verschiedenen Buchstaben bilden, wenn kein Buchstabe mehrfach auftreten darf?
b) Wie groß ist die Anzahl der Wörter aus a), wenn die Buchstaben mehrfach auftreten dürfen?

4.4. Wie viele neue „Wörter" lassen sich durch Umstellen der Buchstaben aus dem Wort „ANANAS" gewinnen?

4.5. Für den Besuch der EOS bewerben sich aus einer Schule acht Mädchen und zwölf Jungen. Sechs Mädchen und acht Jungen können nur ausgewählt werden. Wieviel verschiedene Möglichkeiten der Auswahl unter den Bewerbern gibt es?

4.6. Wie viele Ziehungen sind bei „6 aus 49" möglich, für die ein abgegebener Tip genau einen „Dreier" ergibt?

4.7. Ein Kind baut durch Übereinanderlegen von 2 roten, 3 schwarzen und 4 weißen Baukastensteinen gleicher Form „Türme".

a) Wie viele verschiedene Türme sind möglich?
b) Wie groß ist die Anzahl der Türme, die mit einem weißen Stein beginnen?

4.8. Eine Lieferung von 25 Geräten, die durch ihre Fabrikationsnummern unterscheidbar sind, enthält 4 fehlerhafte Geräte.

a) Wie viele verschiedene Stichproben vom Umfang 5 sind möglich?
b) Wie viele Stichproben vom Umfang 5 gibt es, die genau zwei fehlerhafte Geräte enthalten?
c) Wie viele Stichproben vom Umfang 5 gibt es, die höchstens ein fehlerhaftes Gerät enthalten?
d) Wie viele Stichproben vom Umfang 5 gibt es, die mindestens ein fehlerhaftes Gerät enthalten?

4.9. Eine Sendung von 12 Erzeugnissen enthält 3 beschädigte Erzeugnisse.

a) Wie viele verschiedene Stichproben vom Umfang 4 sind möglich?
b) Wie viele Stichproben vom Umfang 4 gibt es, die mindestens ein beschädigtes Erzeugnis enthalten?
c) Wie viele Stichproben vom Umfang 4 gibt es, die höchstens zwei einwandfreie Erzeugnisse enthalten?

4.10. In einer Schachtel sind 4 Bleistifte und 11 Buntstifte. Wie viele Möglichkeiten gibt es, daß beim zufälligen Herausgreifen von 5 Stiften höchstens 2 Buntstifte erfaßt werden?

4.11. Ein Parkplatz bestehe aus einer Reihe von 18 Boxen für PKW. Er sei durch Abstellen von 6 Trabant, 2 Fiat, 4 Wartburg, 5 Skoda und einem Volvo belegt. Die Fahrzeuge sind durch ihr polizeiliches Kennzeichen alle unterscheidbar.

Wie viele verschiedene Möglichkeiten gibt es, daß

a) alle Skodas nebeneinander stehen, b) alle PKW vom gleichen Typ nebeneinander stehen?

4.12. Wie groß ist die Anzahl der möglichen „Bilder", die sich bei einem Wurf auf 9 – in üblicher Weise aufgestellte – Kegel ergeben können?

4.13. Die Qualität von 8 Erzeugnissen wird überprüft („Gut-schlecht-Prüfung").

a) Wie viele verschiedene Prüfungsprotokolle sind insgesamt möglich?
b) Wie viele Prüfungsprotokolle enthalten das Element „gut" genau sechsmal?

4.14. An einem Pferderennen sind 8 Pferde beteiligt. Wie viele verschiedene Möglichkeiten gibt es, eine Vorhersage über die drei erstplazierten Pferde

a) ohne Angabe ihrer Reihenfolge, b) mit Angabe ihrer Reihenfolge zu treffen?

4.15. Bei einem Versuch sind drei verschiedene Ergebnisse möglich. Dieser Versuch wird zehnmal wiederholt. Wie viele verschiedene Versuchsprotokolle sind insgesamt möglich?

4.16. Eine Münze wird n-mal geworfen. Bestimmen Sie die Anzahl der verschiedenen möglichen Versuchsausgänge!

4.17. Wie viele Diagonalen gibt es in einem regelmäßigen Zwölfeck?

4.18. Zur Kennzeichnung von Kraftfahrzeugen wird bekanntlich ein System aus Buchstaben und Ziffern verwendet.

a) Man bestimme für das System „Zwei Buchstaben – vier Ziffern" die Anzahl der Möglichkeiten, zu einer fest vorgegebenen Buchstabenkombination (z. B. IA) Kraftfahrzeuge durch verschiedene Ziffernkombinationen zu kennzeichnen.
b) Wie viele Möglichkeiten der Kennzeichnung von Kraftfahrzeugen gibt es insgesamt für das System „Zwei Buchstaben – vier Ziffern"?
c) Wie ändert sich die unter b) berechnete Anzahl bei Verwendung des Systems „Drei Buchstaben – drei Ziffern"?

4.19. Ein Gütekontrolleur entnimmt einem Posten von N Teilen (auch „Grundgesamtheit" oder „Los" vom Umfang N genannt), in dem sich M Ausschußteile befinden, nacheinander ohne Zurücklegen n Teile (eine sog. Stichprobe ohne Zurücklegen vom Umfang n). Zwei Stichproben werden als gleich angesehen, wenn sie aus denselben Teilen bestehen.

a) Man bestimme die Anzahl N_k verschiedener Stichproben, die genau k Ausschußteile enthalten ($k = 0, 1, 2, \ldots, n$).
b) Man ermittle die Anzahl M_1 der Stichproben, die mindestens ein Ausschußteil enthalten.
c) Man berechne die entsprechenden Werte für $N = 100$, $M = 3$, $n = 5$.

4.20.* Auf einem Schachbrett sind acht verschiedene Türme so aufzustellen, daß keiner dieser Türme einen anderen schlagen kann.

a) Wie viele derartige Aufstellungen gibt es?
b) Wieviel Zeit würde man benötigen, wenn man alle derartigen Aufstellungen ausführen würde und pro Anordnung nur 1 Sekunde benötigen würde?

c) Wie viele Möglichkeiten gibt es überhaupt, acht verschiedene Türme auf einem Schachbrett aufzustellen?
d) Man ermittle das Verhältnis der unter a) und c) errechneten Anzahlen und interpretiere das Ergebnis!

5. Mengen

5.1. Es werde die Universalmenge $M = \{i | i = 1(1)15\}$ und ihre Teilmengen $A = \{j | j = 1(2)15\}$, $B = \{k | k = 6(2)12\}$, $C = \{2, 3, 5, 12, 13\}$ betrachtet. Man bestimme:

a) $A \cup B$, $A \cap B$, $\overline{A}$, $\overline{C}$, $\overline{C} \cap B$, $\overline{B} \cap C$,
b) $M \setminus \overline{B}$, $C \setminus A$, $(M \setminus \overline{C}) \cap C$, $B \setminus \overline{(A \cup C)}$.

5.2. Gegeben sind im R^1 die Mengen $A = \{x \in R^1 : -7 \leqq x < 5\}$, $B = [0; 5]$, $C = (-1; \infty)$.
Ermitteln Sie die folgenden Mengen:

a) $A \cup B \cup C$, b) $A \cap C$, c) $B \cup C$, d) $\overline{A} \cap B$, e) $\overline{B} \cap A$,
f) $B \setminus C$, g) $A \cap \overline{C}$, h) $\overline{B} \cup C$, i) $(A \cup \overline{B}) \cap C$.

5.3. Die Mengen $A = \{x | \, |x - 1| < 2\}$, $B = \{x | \, x - 1 < 2x + 7\}$, $C = \{x | \, 4{,}5 > |x + 3{,}5|\}$ sind Teilmengen der Universalmenge R^1. Man bestimme:

a) $A \cap B$, $A \cap C$, $B \cap C$, $A \cup B$, $A \cup C$, $B \cup C$, $\overline{A}$, $\overline{B}$, $\overline{A} \cup \overline{C}$, $\overline{A} \cap \overline{C}$,
b) $A \setminus B$, $B \setminus A$, $B \setminus C$, $C \setminus B$, $A \setminus C$, $C \setminus A$.

5.4. Man begründe, daß für beliebige Mengen A und B gilt:

a) $A \cap B \subset B \subset A \cup B$, b) $A \cup B = B \Leftrightarrow A \subset B$,
c) $A \cap B = A \Leftrightarrow A \subset B$, d) $A \subset B \Leftrightarrow \overline{B} \subset \overline{A}$.

5.5. Es wird eine Menge M betrachtet. A, B seien beliebige Teilmengen von M. Man stelle die Menge aller Elemente von M dar, die

a) nicht zu A und B gleichzeitig gehören,
b) zu A gehören, aber nicht zu B,
c) nicht zu $\overline{A}$, aber zu B gehören,
d) die nicht „nur zu A oder nur zu B" gehören,
e) die entweder nur zu A oder nur zu B gehören.

5.6. Es sei $A = \{a, b, c, d, e\}$ und $B = \{M | M \subset A\}$. Man entscheide, welche der folgenden Aussagen wahr, welche falsch sind:

a) $a \in B$, b) $\{b\} \in B$, c) $\{a\} \in A$, d) $A \in B$, e) $A \subset B$,
f) $\{a\} \subset A$, g) $\emptyset \in B$, h) $\emptyset \subset B$, i) $\{\emptyset\} \subset B$.

5.7. A, B, C, D seien beliebige Mengen. Untersuchen Sie die folgenden Gleichungen und begründen Sie, welche der Beziehungen wahr und welche falsch sind!

a) $(A \setminus B) \cup (B \setminus A) = (A \cup B) \setminus (A \cap B)$,
b) $A \cup (B \setminus C) = (A \cup B) \setminus (C \setminus A)$,
c) $A \cup (B \setminus C) = (A \cup B) \setminus (A \cup C)$,

d) $A \cap (B \setminus C) = (A \cup B) \setminus (A \cap C)$,
e) $(A \setminus B) \cap (C \setminus D) = (A \cap C) \setminus (B \cup D)$,
f) $[A \cap (A \setminus B)] \cap C = (A \cap C) \setminus B$,
g) $(A \cup B) \setminus (C \cup D) = (A \setminus C) \cup (B \setminus D)$,
h) $A \setminus (B \setminus C) = (A \setminus B) \cup (A \cap C)$.

5.8. A, B, C seien Teilmengen der Universalmenge M. Man vereinfache die folgenden Ausdrücke!

a) $A \setminus (A \setminus B)$, b) $A \cap (B \setminus A)$, c) $\overline{A} \cap \overline{(B \setminus A)}$,
d) $(B \setminus A) \cup (A \setminus B) \cup (A \cap B)$, e) $M \setminus [(M \setminus A) \cap \overline{B}]$,
f)* $A \setminus [A \setminus [B \setminus (B \setminus C)]]$, g)* $(A \setminus B) \cap [(A \cap B) \cup (A \setminus C)]$.

5.9. $P(A)$ sei die Potenzmenge von A und $A_n := \{i | i = 1(1)n, \quad n \in N\}$.

a) Man bestimme $P(A_1)$, $P(A_2)$, $P(A_3)$. b) Wieviel Elemente besitzt $P(A_n)$?
c)* Die Elemente von $P[P(\emptyset)]$ und $P[P(A_1)]$ sind anzugeben.

5.10. In der x,y-Ebene skizziere man die Produktmenge $A \times B$ für:

a) $A = \{x | x \in [0; 1] \vee x = 3\}$, $B = \{y | y \in [1; 3] \vee y = 4\}$,
b) $A = \{1, 2, 3\}$, $B = [2; 4) \cup \{5\}$,
c) $A = [1; 3] \cup (4; 5)$, $B = [0; 2] \cup [4; 7)$.
d)* Ist die Gleichung $(A \times C) \setminus (B \times C) = (A \setminus B) \times C$ für beliebige Mengen A, B, C stets erfüllt?

5.11. Als symmetrische Differenz zweier Mengen A und B erklärt man die Menge $A \Delta B := (A \cup B) \setminus (A \cap B)$.
Man bestimme die symmetrische Differenz der Mengen A und B für:

a) $A = \{x | x^2 > 1\}$, $B = \left\{x \,\middle|\, \left|x + \frac{1}{2}\right| < 1\right\}$,

b) $A = \{(x, y) | x^2 + y^2 \leqq 2\}$, $B = \{(x, y) | x^2 + y^2 \leqq 1\}$,

c)* $A = \left\{(x, y) \,\middle|\, |x| + |y| \leqq \frac{3}{2}\right\}$, $B = \{(x, y) | \max\{|x|, |y|\} < 1\}$.

d) Zeigen Sie, daß $A \Delta B = (A \setminus B) \cup (B \setminus A)$ gilt.
e) Für die Mengen A_n aus 5.9. bestimme man $A_n \Delta A_m$.

6. Funktionen

6.1. Sind durch folgende Zuordnungsvorschriften Funktionen $y = f(x)$ erklärt?

a) $y = \begin{cases} x^2 + 1{,}04 & \text{für} \quad x \leqq 1{,}6, \\ 3x - 1{,}2 & \text{für} \quad x \geqq 1{,}6, \end{cases}$ b) $y = \begin{cases} 2 & \text{für} \quad x \neq 0, \\ x & \text{für} \quad x^2 = x, \end{cases}$

c) $|y| = \dfrac{\ln x}{x^2 + 1}$, $x \geqq 1$, d) $\arctan y = \mathrm{e}^{-|x|}$, $x \in R^1$,

e) $y^2 = x$, f) $\tan y = x$, g) $y = \begin{cases} e^{-\frac{1}{x^2}} & \text{für } x > 0, \\ 0 & \text{für } x \leqq 0. \end{cases}$

6.2. Man skizziere die Bilder der Funktionen $y = f(x)$ mit $x \in R^1$:

a) $y = x + |x|$, b) $y = |x - 2| + 3x^2$,

c) $y = \frac{1}{(x-1)^2}$, $x \neq 1$, d) $y = \frac{1}{x^2 - 1}$, $|x| \neq 1$,

e) $y = \ln|x|$, $x \neq 0$, f) $(x-2)^2 + (y+1)^2 = 4$ mit $y \geqq -1$,

g) $y = \sin\frac{x}{n}$, $n = 1, 2, 3$, h) $y = 2\cos nx$, $n = 1, 2, 3$, i) $y = \cos\left(x + \frac{\pi}{3}\right)$,

j) $y = x|x| + \sqrt{x^2}$, k) $y = 4\sin(2x - 7)$, l) $y = \sin\left|x - \frac{1}{2}\right|$,

m)* $y = \left|\sin 2\left(x + \frac{1}{4}\right)\right|$, n)* $y = \left|\frac{\sin x}{x}\right|$, $x \neq 0$.

6.3. Gegeben sind die Funktionen $y_1(t) = a_1 \cos(\omega t + \varphi_1)$, $y_2(t) = a_2 \cos(\omega t + \varphi_2)$ und $y(t) = y_1(t) + y_2(t) = a \cdot \cos(\omega t + \varphi)$. Man gebe a und φ in Abhängigkeit von a_1, a_2, φ_1, φ_2 an, wobei $a_1 \geqq 0$, $a_2 \geqq 0$ und $-\frac{\pi}{2} < \varphi_1, \varphi_2 < \frac{\pi}{2}$ gelten soll.

6.4. Bestimmen Sie

a) $f(x-1)$, $f(x) - 1$, $-f(x)$, $f(-x)$, $2f(x)$, $f(2x)$, wenn $f(x) = x\sqrt{x+1}$ ist,

b) $f[f(x)]$, $g[f(2)]$, $f[g(x)]$, $f\left[g\left(\frac{\pi}{12}\right)\right]$, $g[g(x)]$, $g[\pi f(32\,815)]$ für $f(x) = x^3 - x$ und $g(x) = \sin 2x$.

6.5. Welche der nachfolgenden Ausdrücke sind sinnvoll?

a) $\arcsin\frac{\pi}{3}$, b) $\cos^2\frac{\pi}{12} - \sin^2\frac{\pi}{12}$,

c) $\arccos\left[\frac{1}{2}\left(e + \frac{1}{e}\right)\right]$, d) $\tan^2\left(\arccos\frac{1}{2}\right)$,

e) $\arccos\frac{\pi^2}{9}$, f) $\arcsin(x^2 + x + 2)$,

g) $\arcsin(\sin x + 1)$.

6.6. Man gebe an, welche der folgenden Ausdrücke definiert sind und vereinfache diese:

a) $\operatorname{arsinh}\left(\frac{e}{2} - \frac{1}{2e}\right)$, b) $\operatorname{arsinh} 0$, c) $\operatorname{arcosh} 0$,

d) $\operatorname{arcosh} 1$, e) $\operatorname{artanh} 0$, f) $\operatorname{artanh} \pi$,

g) $\operatorname{artanh}\left(\frac{e^4 - 1}{e^4 + 1}\right)$, h) $\operatorname{arcoth}\left(\frac{e^2 + 1}{e^2 - 1}\right)$, i) $\operatorname{arcoth}(-1)$.

6.7. Skizzieren Sie für den jeweils größtmöglichen Definitionsbereich die Bilder der Funktionen $y = f(x)$, $|f(x)|$, $f(|x|)$, $f(x^2)$, $[f(x)]^2$, $f\left(\frac{1}{x}\right)$, $\frac{1}{f(x)}$, wenn

a) $f(x) = x$, b) $f(x) = \frac{1}{x}$, c) $f(x) = e^x$,

d) $f(x) = \ln x$, e) $f(x) = \sin x$, f) $f(x) = \arctan x$,

g) $f(x) = \sqrt{x}$ ist.

6.8. Von folgenden Funktionen $y = f(x)$ sind im R^1 der größtmögliche Definitionsbereich zu ermitteln, der zugehörige Wertebereich anzugeben und eine Skizze anzufertigen:

a) $y = \sqrt{1 - |x|}$, b) $y = \frac{1}{\sqrt{|x| - x}}$,

c) $y = \frac{1}{\sqrt{x - |x|}}$, d) $y = 3x^2 + |x - 2|$,

e) $y = n$ für $n < x \leqq n + 1$ (n ganz),

f)* $y = 4 - \sqrt{2x^2 - x + 3}$, g) $y = \sqrt{(x-a)(x-b)}$ $(a \leqq b)$,

h) $y = \sqrt{x+2} - \sqrt{2-x}$, i) $y = \ln(x-1) - \ln x$,

j) $y = \ln\left(1 - \frac{1}{x}\right)$, k) $y = \ln\left|\frac{2-x}{3+x}\right|$,

l) $y = \sqrt{1 + \sin x}$, m) $y = \ln \sin x$,

n) $y = \arcsin(\ln x)$, o) $y = 3^{\frac{1}{1-x}}$.

6.9. Gesucht sind der größtmögliche Definitionsbereich und der zugehörige Wertebereich von $y = f(x)$ im R^1.

a) $y = \frac{x+1}{x^2 + 3x + 2}$, b) $y = \frac{x}{\sqrt{1 - x^2}}$, c) $y = \sqrt{3 - \frac{4x+3}{5-2x}}$,

d) $y = \sqrt{\frac{3x+2}{3-2x} - 2}$, e) $y = \ln(2 - 4\sin^2 x)$, f) $y = \ln(3 - \sqrt{x+7})$,

g) $y = \sqrt{\frac{x^2 + 6x + 4}{x^2 + x - 6} - 1}$, h) $y = \sqrt{\lg \frac{5x - x^2}{4}}$,

i) $y = \ln[a - \sqrt{x-1}]$, $a > 1$, j)* $y = \arcsin \frac{x+1}{2x}$,

k)* $y = 3 - \sqrt{2 - |x^2 - x - 2|}$, l)* $y = \sqrt{\cos\sqrt{x}}$.

6.10. Gegeben sind die Parameterdarstellungen $x = x(t)$, $y = (t)$, $t \in R^1$:

a) $x = t^2 - 2t + 3$, $y = t^2 - 2t + 1$,

b) $x = 1 - 5t^2$, $y = 3 + t^2$, c) $x = \cos 2t$, $y = \sin^2 t$,

d) $x = \cos 2t$, $y = \sin t$, e) $x = \frac{2 - 2t^2}{1 + t^2}$, $y = \frac{4t}{1 + t^2}$,

f) $x = 2\tanh t, \quad y = \dfrac{2}{\cosh t}$, g) $x = \cos t, \quad y = \dfrac{1}{2}\sin 2t$.

Bestimmen Sie den Wertebereich der Funktionen $x(t)$ und $y(t)$, und geben Sie nach Elimination von t Darstellungen der Gestalt $F(x, y) = 0$ bzw. $y = f(x)$ an. Folgern Sie daraus das Bild der zu den Parameterdarstellungen gehörenden Kurven.

6.11. Welche Kurven werden in der x,y-Ebene durch folgende Parameterdarstellungen beschrieben? Geben Sie jeweils eine parameterfreie Darstellung der Kurvengleichung an (a, b, x_0, y_0 const)!

a) $x(t) = x_0 + a\cos t, \quad y(t) = y_0 + b\sin t \quad (a, b > 0;\ t \in [0, 2\pi])$,

b) $x(s) = x_0 + s, \quad y(s) = y_0 + s^2, \quad s \in R^1$,

c) $x(t) = x_0 + a\cosh t, \quad y(t) = y_0 + b\sinh t \quad (a, b > 0,\ t \in R^1)$,

d) $x(u) = \dfrac{a}{\cos u}, \quad y(u) = b\tan u \quad \left(a, b > 0;\ u \in \left(-\dfrac{\pi}{2}, \dfrac{3}{2}\pi\right) \setminus \left\{\dfrac{\pi}{2}\right\}\right)$.

6.12. Skizzieren Sie die in Polarkoordinatendarstellung $r = r(\varphi)$ gegebenen Kurven:

a) $r = 5$, b) $r = \varphi \quad (\varphi \geqq 0)$,

c) $r = e^{\varphi}, \quad \varphi \in R^1$, d) $r = 2\cos\varphi, \quad \varphi \in \left(-\dfrac{\pi}{2}, \dfrac{\pi}{2}\right]$,

e) $r = 2a(1 + \cos\varphi), \quad \varphi \in [0, 2\pi], \quad a > 0$.

6.13. Gesucht sind die Nullstellen folgender Funktionen $y = f(x)$ mit $x \in R^1$:

a) $y = e^{x^2 - 2\sqrt{x^2}} - \dfrac{1}{e}$, b) $y = 10^{2x} - 101 \cdot 10^x + 100$,

c) $y = \lg(x^2 + 10x - 4) - \lg x - 1, \quad x \geqq 1$,

d) $y = 1 + \sqrt{8x + 1} - \sqrt{10x + 6}$, e) $y = (4\cos^2 x - 1)\sin x - 1$,

f) $y = 2(\sin x - \cos^3 x) - \sin x \cdot \sin(2x)$, g) $y = \sinh^2 x - 3 + 4\tanh^2 x$,

h)* $y = \sqrt{x + 2} - \sqrt{x + 4} + \sqrt{x + 3}, \quad x \geqq -2$, i)* $y = x - \dfrac{\pi}{2} + \arccos(\sin x)$.

6.14. Welche der folgenden Funktionen (bei größtmöglichem Definitionsbereich) sind gerade, welche sind ungerade und welche haben keine dieser Eigenschaften?

a) $y = e^{-x}$, b) $y = x^5 + 7x$, c) $y = x\sin x$, d) $y = x + \dfrac{1}{x}$,

e) $y = e^{\cos x}$, f) $y = (x + 2)^2$, g) $y = x(e^{-x} + e^x)$, h) $y = \arcsin x$,

i) $y = \arccos x$, j) $y = \sqrt{|x^4 + a|}$, k) $y = \dfrac{|x| \cos x}{(x^3 + x)|\sin x|}$,

l) $y = |x - 1| + \sqrt{x^2 + 2x + 1}$, m) $y = \ln\left[x + \sqrt{x^2 + 1}\right]$,

n) $y = \dfrac{e^{\frac{1}{x}} - 1}{e^{\frac{1}{x}} + 1}$, o)* $y = \dfrac{x}{e^x - 1} + \dfrac{x}{2}$.

6.15. Gegeben ist die Funktion $y = f(x)$, $x \in (-a, a)$, $a > 0$. Weisen Sie die Gültigkeit von $f(x) = g(x) + u(x)$ nach, dabei ist $g(x)$ eine gerade und $u(x)$ eine ungerade Funktion. Bestimmen Sie $g(x)$ und $u(x)$ für:

a) $f(x) = x^3 + 2x^2 + 1$,

b) $f(x) = e^x$,

c) $f(x) = \arcsin x$, $a = 1$,

d) $f(x) = \dfrac{x}{1-x}$, $a = 1$,

e) $f(x) = |x-1| + |x+1|$.

6.16. Untersuchen Sie von den Funktionen $y = f(x)$, $x \in R^1$, das Monotonieverhalten und geben Sie den Wertebereich an. Welche Funktionen sind beschränkt?

a) $y = \dfrac{a}{x}$, $x \neq 0$, $a \neq 0$,

b) $y = \dfrac{1}{x^2 - 6x + 10}$,

c) $y = -\dfrac{x+3}{4-x}$, $x \neq 4$,

d) $y = x\sqrt{x^2}$,

e) $y = x^3 - 6x^2 + 12x - 8$,

f) $y = \dfrac{1 - \sqrt{9+3x}}{1 + \sqrt{9+3x}}$, $x \geqq -3$,

g) $y = \arctan\left(\dfrac{2x^2 + 3x + 1}{x^2}\right)$, $x > 0$,

h) $y = \ln|\sin x|$, $x \neq k\pi$, $k \in G$.

6.17. Welche der für $x \in R^1$ erklärten Funktionen $y = f(x)$ sind periodisch? Falls Periodizität vorliegt, versuche man, die primitive Periode p zu ermitteln. Außerdem untersuche man, ob die Funktionen nach unten bzw. nach oben beschränkt sind und gebe in diesen Fällen Schranken an. Für welche Funktionen ergibt sich daraus die Beschränktheit?

a) $y = \dfrac{4}{3}\sin(x+3)$,

b) $y = -e^{\cos 4x}$,

c) $y = \cos(2 - \pi x)$,

d) $y = \sinh(x + \sin x)$,

e) $y = \dfrac{1}{2 + \sin x}$,

f) $y = \ln[2\sin^2 x + 1]$,

g) $y = \cos^2 3x + 1$,

h) $y = (\cos 3x + 1)^2$,

i) $y = \dfrac{\sin x + \cos x}{\cosh x}$,

j) $y = \dfrac{1}{1 + \tan^2 x}$, $x \neq \dfrac{\pi}{2} + k\pi$, $k \in G$,

k) $y = \dfrac{1}{2} + \sin^2 x + \dfrac{\cos 2x}{2}$,

l) $y = \sin\dfrac{x}{2} + \cos\dfrac{x}{3}$,

m) $y = 6\sin\pi x + \cos 2x$,

n) $y = \cot^2\dfrac{x}{2} + |\sin x|$, $x \neq 2k\pi$, $k \in G$.

6.18. Welchen Wertevorrat haben die Funktionen $y = f(x)$? Skizzieren Sie die Graphen und geben Sie – falls vorhanden – die Umkehrfunktion $y = \varphi(x)$ an:

a) $y = x^3$, $x \in R^1$,

b) $y = \begin{cases} (x+2)^2 + 1 & \text{für} \quad x \in [-2,1], \\ 2x + 8 & \text{für} \quad x \in (1, 3], \end{cases}$

c) $y = \ln(x^2 - 4)$, $|x| > 2$,

d) $y = \sqrt{x-1} + \sqrt{x+1}$, $x \geqq 1$,

e) $y = \frac{2x+5}{x-3}, \quad x \in R^1 \setminus \{3\}$,

f) $y = e^{\cosh x}, \quad x \in R^1$, g) $y = 2^{-3x} + 1, \quad x \in R^1$,

h) $y = \sin(\arcsin x), \quad x \in [-1, 1]$, i) $y = \frac{x}{2} - \frac{1}{2}\sqrt{x^2 - 4}, \quad |x| \geqq 2$.

6.19. Geben Sie die Umkehrfunktion an von:

a) $y = f(x) = \frac{\sqrt{x} - 4}{\sqrt{x} + 1}, \quad x \geqq 0$, b) $y = h(t) = e^t \sinh t, \quad t \in R^1$,

c) $y = f(x) = \frac{x-2}{x+4}, \quad x \neq -4$, d) $y = g(t) = \frac{\sqrt{t-2}}{\sqrt{t+4}}, \quad t \geqq 2$,

e) $g = g(s) = \ln\sqrt{\frac{4s+3}{3s-2}}, \quad s > \frac{2}{3}$, f)* $y = f(x) = \sin x, \quad x \in \left[\frac{5}{2}\pi, \frac{7}{2}\pi\right]$,

g)* $y = f(x) = \cos x, \quad x \in [-2\pi, -\pi]$.

6.20. Man stelle die folgenden Funktionen durch algebraische Funktionen in Abhängigkeit von x dar:

a) $y = f(x) = \sin(2 \arcsin x), \quad -1 \leqq x \leqq 1$,

b) $y = f(x) = \sin\left(\arccos \frac{1}{x}\right), \quad |x| \geqq 1$.

6.21. Berechnen Sie mittels Hornerschema die Werte von $P(x)$ an den angegebenen Stellen und bestimmen Sie die Zerlegung von $P(x)$ in reelle Elementarfaktoren.

a) $P(x) = 2x^5 + 4x^4 - 4x^3 - 8x^2 + 2x + 4; \quad x_0 = 1, \quad x_1 = -1, \quad x_2 = -2, \quad x_3 = 2$,

b) $P(x) = 2x^7 - x^6 + 2x^5 + 71x^4 + 68x^3 - 52x^2; \quad x_0 = -3, \quad x_1 = -2, \quad x_2 = \frac{1}{2}$,

c) $P(x) = x^4 + 3x^3 - 2x^2 - 12x - 8; \quad x_0 = -2, \quad x_1 = 2, \quad x_2 = 3$,

d) $P(x) = x^6 - 19x^4 + 44x^2 + 64; \quad x_0 = \sqrt{3}, \quad x_1 = -\sqrt{3}, \quad x_2 = i$,

e) $P(x) = x^5 - 12x^4 + 56x^3 - 120x^2 + 100x; \quad x_0 = 4, \quad x_1 = 3 + i$.

6.22. Ermitteln Sie von den gebrochen rationalen Funktionen $y = f(x)$ die Nullstellen, Polstellen (jeweils Vielfachheit angeben) und Lücken. Geben Sie die Asymptoten an, und skizzieren Sie den Graphen von f und die Asymptote.

a) $y = \frac{x^2 + x - 2}{(x-1)(x+1)^2(x+2)}$, b) $y = \frac{x^3 - 3x^2 - 4x + 12}{x^2 + 5x + 6}$,

c) $y = \frac{x^3 - 7x + 6}{x^2 - 4x + 3}$, d) $y = \frac{x^3 - x^2 - x + 1}{x^2}$,

e) $y = \frac{x^4 + 4x^3 + 2x^2 - 4x - 3}{x(x-2)(x+3)}$, f) $y = \frac{x^2 - 1}{(x^2 + x)(x-3)^2}$,

g) $y = \frac{x^5 - x^3 + x - 1}{x^2 - 1}$, h) $y = \frac{x^4 - 8x^2 + 16}{(x^2 - 3x - 10)(x+1)}$,

i) $y = \frac{x(x-1)^2}{(x-1)(x+1)(x+2)}$, j) $y = \frac{12x^3 + 19x^2 - 45x + 18}{10x^2 + 10x - 20}$.

6.23. Man bestimme die rationale Funktion, deren Zählergrad 3 und deren Nennergrad 2 ist und die folgende Eigenschaften besitzt:

a) An der Stelle $x = 2$ befindet sich eine Nullstelle 2. Ordnung,
b) an der Stelle $x = 1$ liegt eine Polstelle 2. Ordnung,
c) $y = x + 1$ ist Asymptote.

6.24. Geben Sie die Zerlegung in reelle Partialbrüche an für:

a) $y = \frac{x^2}{(x^2-4)(x+1)}$, b) $y = \frac{3x^2+4}{x^3+x^2-8x-12}$,

c) $y = \frac{x^4+1}{x^3-x^2+x-1}$, d) $y = \frac{3x^3+10x^2-x}{(x+1)^2(x-1)^2}$,

e) $y = \frac{x}{x^3+5x^2+19x-25}$, f)* $y = \frac{x^4}{(x^3+1)^2}$,

g)* $y = \frac{x^3}{(x+1)^2(x^2+x+1)^2}$.

6.25. Die Gammafunktion $\Gamma(x)$ nimmt in $x_0 = 1$, $x_1 = 2$, $x_2 = 4$, $x_3 = 5$ die Werte $y_0 = y_1 = 1$, $y_2 = 6$, $y_3 = 24$ an. Berechnen Sie das Newtonsche Interpolationspolynom niedrigsten Grades, ermitteln Sie damit einen Näherungswert für $\Gamma(3)$, und vergleichen Sie mit dem exakten Wert $\Gamma(3) = 2!$.

6.26. Geben Sie für $f(x) = \cos 2x - 3\sin x$, $D_f = \left[0, \frac{\pi}{2}\right]$, das Newtonsche Interpolationspolynom an, das den Graphen von f an den Stellen $x_0 = 0$, $x_1 = \frac{\pi}{6}$ und $x_2 = \frac{\pi}{2}$ besitzt.

6.27. Mit Hilfe der Newtonschen Interpolationsformel ist das Polynom niedrigsten Grades anzugeben, welches die Punkte

a) $P_0(0; 1{,}2)$, $P_1(3; 20{,}8)$, $P_2(6; 46{,}8)$,
b) $P_0(-2; -12)$, $P_1(-1; 1)$, $P_2(2; 16)$, $P_3(3; 53)$,
c) $P_0(0; 3{,}6)$, $P_1(3; 54)$, $P_2(1; 8{,}4)$, $P_3(-2; 30)$,
d) $P_0(-4; 7)$, $P_1(-3; 8)$, $P_2(-2; -5)$, $P_3(-1; 4)$, $P_4(0; -1)$, $P_5(1; -8)$,
e) $P_0(-3; -40)$, $P_1(0; -4)$, $P_2(1; -8)$, $P_3(3; -40)$, $P_4(6; -148)$ enthält.

Wie ändert sich das Ergebnis in e), wenn nachträglich noch der Punkt $P_5(-1; 104)$ berücksichtigt werden soll?

6.28. Bei einer Turbine hängt die Umdrehungszahl n pro Minute von der Leistung L wie folgt ab:

$L^+ = L/\text{PS}$	0	1	2	3	4
$n^+ = n/(\text{Umdr./Min.})$	0	36	42	48	84

Bestimmen Sie durch Anwendung der Newtonschen Interpolationsformel die Umdrehungszahl pro Minute bei 2,5 bzw. bei 5 PS!

7. Zahlenfolgen

7.1. Man setze a_n jeweils gleich den folgenden Ausdrücken, berechne hiermit den Grenzwert A der Zahlenfolge $\{a_n\}$ und bestimme danach ein $N = N(\varepsilon)$ derart, daß $|a_n - A| < \varepsilon$ für alle $n > N(\varepsilon)$ gilt.

a) $(n-1)/(n+1)$, b) $(1+(1/n))^{10}$,

c) $(\sin n + \cos^3 n)n^{-1/2}$, d)* p_n mit $p_n V = p_{n+1}(V + \Delta V)$

($p_0 > 0$, $V > 0$, $\Delta V > 0$ gegeben; p_n ist gleich dem Luftdruck in einem abgeschlossenen Behälter vom Volumen V, nachdem durch n Kolbenhübe einer Pumpe mit dem Stiefelvolumen ΔV die Luft verdünnt wurde; $pV = \text{const}$: Boyle-Gesetz); Zahlenwerte: $V = 3{,}4\ \text{dm}^3$; $\Delta V = 400\ \text{cm}^3$; $\varepsilon = p_0/20$.

7.2. Für die Folge $\{p_n\}$ gilt $Vp_n = V_n p$ mit $V_n = aV + n\Delta V$, ($p > 0$, $V > 0$, $0 < a < 1$, $\Delta V > 0$ gegeben; p: normaler Luftdruck; V: Prallvolumen eines Fahrradreifens; aV: Luftfüllung des Reifens; ΔV: Stiefelvolumen einer Fahrradpumpe; p_n: Druck im Reifen nach n Kolbenstößen; Erwärmung der Luft vernachlässigt). Man zeige $\lim p_n = \infty$, indem man ein $N = N(M)$ derart bestimmt, daß $p_n \geqq M$ für alle $n \geqq N$ gilt. Zahlenwerte: $p = 10^5\ \text{N/m}^2$ (N: Newton); $V = 1{,}8\ \text{dm}^3$; $a = 90\,\%$; $\Delta V = 150\ \text{cm}^3$; $M = 3{,}2 \cdot 10^5\ \text{N/m}^2$.

7.3. Welche der folgenden Zahlenfolgen $\{a_n\}$ sind I) konvergent, wie lautet $\lim a_n$, II) bestimmt divergent, wie lautet $\lim a_n$, III) unbestimmt divergent, wie lauten die Grenzwerte aller konvergenten und bestimmt divergenten Teilfolgen, falls a_n jeweils gleich den folgenden Ausdrücken ist?

a) $(100 + (1/n))^2$, b) $3^{-n}[2^n + (-2)^n]$,

c) $2^{-n}[2^n + (-2)^n]$, d) $(3n^3 - 2n^2 + 2n + 4)(4n^4 + n^2 - n)^{-1}$,

e) $(2n^3 - n^2 - n + 1)(3n^3 - 1)^{-1}$, f) $(n^3 + 4n^2 - 2n)(n^2 - 2n + 4)^{-1}$,

g) $(2n+1)(3n)^{-1} + (3n)(2n-1)^{-1}$,

h) $(5n-2)(2n+3)^{-1} - \sum (5/2^k)$, $k = 1, \ldots, n$,

i) $(-1)^n(n^2 + n + 1)(5n^2 - 2n + 3)^{-1}$, j) $n^{-2}\sum \nu$, $\nu = 1, \ldots, n$,

k) $[2\sin^2(n^{100}(n+1)^{-1}) + \cos^2(n^{100}(n+1)^{-1})]^{1/n}$,

l) $(-2)^n$, m) $3^n + (-2)^n$, n) $\pi + n^\alpha$ mit $\alpha = (-1)^n$,

o)* $a_1 = 0$, $a_2 = 1$, a_n ist der Mittelpunkt des Intervalles mit den Randpunkten a_{n-2} und a_{n-1} ($n = 3, 4, \ldots$),

p) $(x^n f(x) + g(x))(x^n + 1)^{-1}$, $0 < x < \infty$, x fest; f, g beliebige Funktionen,

q)* $\{(-1)^n - 1\}^{(n+1)/2}\{1 - (1/n)\} + \sin(n\pi/5)$.

7.4. Man berechne mittels $\lim\limits_{n\to\infty} [1 + (a/n)]^n = e^a$ die Grenzwerte $\lim a_n$, falls a_n jeweils gleich ist:

a) $[1 + (3n)^{-1}]^n$, b) $[1 - (n-2)^{-1}]^{n+5}$,

c) $[3 - n^{-1/2}][1 + 3n^{-1}]^n[7 - 21(100n)^{-1}][6 + n^{-1000}]^{-1}[1 + n^{-1}]^{-87}[1 - n^{-1}]^{-n}$,

d)* $f(t_n)$, wobei $f(x) = x^n$ ist und mit $(t_n; 0)$ der Schnittpunkt der x-Achse mit derjenigen Tangente bezeichnet wird, die im Punkt $(1; 1)$ an die Kurve $y = x^n$ gelegt ist.

7.5. a) Man untersuche das Monotonieverhalten der Folge $\{a_n\}$ mit $a_n = n^2/2^n$, folgere die Existenz von $\lim a_n = A$ und bestimme A durch Diskussion von $\lim a_{n+1}$. Wie lautet das größte Glied der Folge?

b)* Man behandle a) im Fall $a_n = n^{1000}/n!$ durch Diskussion von $\ln(a_{n+1}/a_n)$. Man bestimme in der Darstellung $c\ 10^m (1 \leqq c < 10)$ des größten Gliedes die positive ganze Zahl m und Schranken für c durch Benutzen der Stirlingschen Formel $\ln(n!) = (n + (1/2)) \ln n - n + (1/2) \ln(2\pi) + (\vartheta/12n)$, $0 < \vartheta < 1$.

7.6. Man formuliere mittels der Skizzen von $y = x$ und $y = f(x)$ Monotonie-, Beschränktheits- und damit Konvergenzaussagen für die Zahlenfolge $\{x_n\}$ und berechne – im Falle der Existenz – $\lim x_n$, falls x_0 und die Iterationsvorschrift $x_{n+1} = f(x_n)$ $(n = 0, 1, 2, \ldots)$ gegeben sind in den Fällen:

a) $f(x) = (1/2)[x + (a/x)]$, $a > 0$, $x_0 > 0$, b) $f(x) = (k/x) - 1$, $k > 0$, $x_0 < 0$,

c) $f(x) = k(1 + x)^{-1}$, $k > 0$, $x_0 > 0$, d) $f(x) = 2 - (1/x)$, $x_0 > 1$,

e) $f(x) = x + (a/x)$, $a > 0$, $x_0 > 0$, f) $f(x) = x(2 - cx)$, $c > 0$, $0 < x_0 < 1/c$,

g) $f(x) = a + x^2$, $a > 0$, $x_0 = a$ (Fallunterscheidung für a).

8. Grenzwerte und Stetigkeit

8.1. Man berechne die folgenden Grenzwerte:

a) $(x^4 + 10^5 x^2 - 100 \sin^{50} x)(x^4 + 10^7 x^3 + 10^{10} x^2 + 1)^{-1}$ für $x \to \infty$,

b) $(x^{10} + 10^{10})^{-1} \sum (x + \nu)^{10}$ mit $\nu = 0, 1, \ldots, 100$ für $x \to \infty$,

c) $(x^n - 1)(x - 1)^{-1}$ für $x \to 1$ (n ganz, $n \neq 0$),

d) $(cx)^{-1} a \sin(bx)$ für $x \to 0$ ($a, b, c \neq 0$),

e) $\tan(3x)\,(\sin(2x))^{-1}$ für $x \to 0$,

f) $x \sin(1/x)$ für $x \to 0$,

g) $[(x + a)(x + b)]^{1/2} - x$ für $x \to \infty$,

h) $2 + x[1 + (4/x^2)]^{1/2}$ für α) $x \to +0$; β) $x \to -0$,

i) $[1 + \exp(\cot x)]^{-1}$ für α) $x \to +0$; β) $x \to -0$ ($\exp z = e^z$),

j) $x[2x + \exp\{(x - 1)^{-1}\}]^{-1}$ für α) $x \to 1 - 0$; β) $x \to 1 + 0$,

k)* „ABC"/„ABD" für $\alpha \to +0$. Hierbei liegen die Punkte A und B auf einem gegebenen Kreis, und der zur Sehne AB gehörige Zentriwinkel ist gleich α. Mit „ABC" ist der Inhalt eines Dreiecks mit den Eckpunkten A, B, C bezeichnet, wobei C auf der Mitte des Kreisbogens AB liegt. „ABD" ist ein Dreiecksinhalt, wobei D der Schnittpunkt derjenigen beiden Tangenten ist, die an den Kreis in A und B gelegt werden.

8.2. Beim Anlegen einer Meßlatte L der Länge l liege nur ihr Mittelpunkt exakt auf der zu messenden Strecke S, während die Randpunkte von L jeweils den senkrechten Abstand x von S haben. Wenn also für S der Wert l gemessen wird, so ist die wahre Länge von S gleich der Projektion $f(x)$ von L auf S.

a) Man bestimme $f(x)$, b) man berechne $\lim f(x) = A$ für $x \to +0$,

c) man bestimme zu jedem $\varepsilon > 0$ ein $\delta = \delta(\varepsilon)$ derart, daß $|f(x) - A| < \varepsilon$ für alle x mit $0 < x < \delta$ gilt. Zahlenwerte $l = 2$ m, $\varepsilon = \varepsilon_r l$ mit $\varepsilon_r = 0{,}1\,\%$ (ε_r: relative Genauigkeit).

8.3. Wie müssen die Konstanten A und B gewählt werden, damit die Funktion $f(x) = -2 \sin x$ für $x \leqq -\pi/2$, $f(x) = A \sin x + B$ für $|x| < \pi/2$, $f(x) = \cos x$ für $x \geqq \pi/2$ überall stetig wird?

8.4. Gesucht ist eine überall stetige Funktion $f(x)$, für die gilt:
$f(0) = 2$, $f'(x) = 0$ für $-\infty < x < -1$, $f'(x) = 1$ für $-1 < x < 0$, $f'(x) = -1$ für $0 < x < \pi$, $f'(x) = 0$ für $\pi < x < +\infty$.

8.5. Für welche (reellen) x liefern die folgenden Ausdrücke $f(x)$ reelle Werte? In welchen x-Intervallen sind die hierdurch gegebenen Funktionen stetig? Wo liegen Unstetigkeitsstellen vor, und wo sind diese hebbar?

a) $f(x) = a - |x - a|$,

b) $[(x+1)^{1/2} + 2(x-2)^{1/2} + (x+3)^{1/2}][x - 5x^{1/2} + 6]^{-1}$,

c) $f(x) = (x^2 + x - 2)(x^2 + 2x)^{-1}$,

d) $f(x) = x - [x]$, ($[x] = n$ mit n ganz und $n \leqq x < n + 1$),

e) $x[1 + \exp(1/x)]^{-1}$, f)* $f(x) = \tan[\pi x(x^2 - 1)^{-1}]$.

9. Ableitungen

9.1. Auf welchen Intervallen sind die folgenden Funktionen f definiert, wo sind sie differenzierbar, und wie lautet jeweils ihre Ableitung, falls $f(x)$ gleich ist:

a) $x - (x^2/2) + (x^3/3) - (x^4/4)$,
b) $a(x^2)^{-1/3}$ (Fallunterscheidung $x > 0$, $x < 0$),
c) $[(x^{1/2}x)^{1/2}x]^{1/2}$,
d) $x^n a^x$, ($a > 0$),
e) $x^{1/3}\exp(x^{1/2})$,
f) $(2x^2 + 4x)(3x^3 - 2x^2 + 3)$,
g) $(x^4 - 1)(x^2 - 1)^{-1}$,
h) $(ax + b)(cx + d)^{-1}$,
i) $(x + a)(x + b)x^{-n}$, ($n = 1, 2, 3, \ldots$),
j) $x^{-2}(2\sin x + \cos x)$,
k) $(x\sin x + \cos x)(x\cos x - \sin x)^{-1}$,
l) $(x^2 + 4x)^{3/2}$,
m) $\arctan(x^2)$,
n) $\ln|\tan x|$,
o) $\exp(x^3) - (\exp x)^3$,
p) $\cot(3x^2)$,
q) $[\arctan(x^2)]^{1/2}$,
r) $\arctan[(e^x - e^{-x})(e^x + e^{-x})^{-1}]$,
s) $(2/3)x^2(1-x)^{3/2} + (8/15)x(1-x)^{5/2} + (16/105)(1-x)^{7/2}$,
t) $\arcsin[(x+1)(x-1)^{-1}]$,
u) $\operatorname{arsinh} x - \ln[x + (x^2+1)^{1/2}]$ (Skizze!),
v) $\arctan x + \arctan(1/x)$ (Skizze!).

9.2. Man bilde von den folgenden Funktionen f jeweils die Ableitung, falls $f(x)$ gleich ist:

a) $x\exp\{-(\ln x)^{1/3}\}$, ($x > 1$),

b) $x^{1/3}(1-x)^{2/3}(1+x)^{1/2}$, ($0 < x < 1$),

c) $\ln|\ln|x||$, ($x \neq 0$, $|x| \neq 1$),

d) $\ln\{(1+\sin x)/(1-\sin x)\}^{1/2}$, $(x \neq (\pi/2)+k\pi,\quad k=0,\ \pm 1,\ldots)$,

e) $(x+a)^{1/2}\, x^2 e^x \ln x$,

f) $f(x)$, wobei $\exp\{ax+bf(x)\} \equiv c$, $(b \neq 0)$ ist,

g) $f(x)$, wobei $f(x)$ differenzierbar ist und $\ln|2+f(x)| \equiv 2+\exp(x^2)$ gilt.

h) Man berechne $f'(x_0)$, wobei für die in einer Umgebung von x_0 differenzierbare Funktion f einerseits $f(x_0)=0$ und andererseits $\exp(\sin f(x)) - (f(x))^2 \equiv x$ gilt.

i)* Man berechne $f_\nu'(0)$ $(\nu = 1,2,3)$, wobei für diese drei (voneinander verschiedenen) in einer Umgebung von $x=0$ differenzierbaren Funktionen $f_\nu(x)$ die Gleichung $(f_\nu(x))^3 - 3f_\nu(x) + x \equiv 0$ gilt.

9.3. Man bilde die n-te Ableitung der folgenden Funktionen:

a) $(ax+b)^m\,(m>n)$,

b) $xf(x)$,

c) $x(a+bx)^{-1}$, $(b \neq 0)$,

d)* $e^{-x}x^n$ (Ergebnis in der Gestalt $e^{-x}L_n(x)$ angeben, $L_n(x)$: Laguerresches Polynom),

e) $e^{-x}\cos x$ im Fall $n=4$,

f) $f(x)$ im Fall $n=2$, wobei $2f(x)\ln|f(x)| \equiv x$ ist,

g)* $x\exp[(2ax)^{1/2}]$ im Fall $n=3$ an der Stelle $x=1/2a$.

9.4. Mittels logarithmischer Differentiation berechne man die Ableitung der folgenden Funktionen:

a) 9.2.b),

b) 9.2.e),

c) $(2x)^{\sin x}\,(x>0)$,

d) $x^{1/x}$, $(x>0)$,

e) $x^a a^x$, $(a>0,\quad x>0)$,

f) $u(x)^{v(x)}$, $(u>0)$,

g) u^v mit $u=ax^m$, $v=\ln(x^2)$, $(a>0,\ x>0)$,

h) $(\sqrt{x})^{\tan x}$, $(0<x<\pi/2)$.

9.5.* Mit den Funktionen $u(x)$, $v(x)$, $w(x)$, $z(x)$, die jeweils eine stetige dritte Ableitung besitzen, werden die Funktionen

$$f(x)=\begin{vmatrix} u & v & w\\ u' & v' & w'\\ u'' & v'' & w''\end{vmatrix},\qquad g(x)=\begin{vmatrix} u & v & w\\ u' & v' & w'\\ u''' & v''' & w'''\end{vmatrix},\qquad h(x)=\begin{vmatrix} zu & zv & zw\\ (zu)' & (zv)' & (zw)'\\ (zu)'' & (zv)'' & (zw)''\end{vmatrix}$$

gebildet.

a) Es gilt $f'(x)=cg(x)$. Man bestimme die Konstante c.

b) Es gilt $h(x)=z^n f(x)$. Man bestimme die natürliche Zahl n.

9.6. Die folgenden Aufgaben sind im Rahmen der (elementaren) Fehlerrechnung zu lösen, d. h., es sind vorliegende (kleine) Differenzen näherungsweise durch zugehörige Differentiale zu ersetzen.

a) Man berechne $\sin 32°$ mittels $\sin 30°$ und $\cos 30°$.

b) Man berechne $\lg 101 = \log_{10} 101$ mittels $\lg 100$.

c) Gesucht ist eine Schranke für den absoluten Fehler, wenn bei Berechnung von α) π^2; β) $(\pi-1)^2(\pi+1)^{-2}$; γ) $\ln\pi$ für bekanntes π der Näherungswert 3,14 benutzt wird.

d) Wie groß darf der absolute Fehler von x ($0 \leqq x \leqq 4$) höchstens sein, damit der absolute Fehler von $y = x^2 x^{1/2}$ nicht größer als 0,1 ist?

e) Durch Wärmeeinwirkung verlängert sich die Länge $L = 2b\{1 + (2/3)b^{-2}f^2\}$ eines Telegrafendrahtes ($2b$: Abstand zwischen den Aufhängepunkten; f: Pfeilhöhe der Durchhängung) um $\mathrm{d}L$. Gesucht ist die Vergrößerung von f.

f) Mit welchem relativen Fehler muß man den Radius einer Kugel messen, damit der relative Fehler des Kugelvolumens 1 % nicht übersteigt?

g) Es liegen zylindrische Dosen mit unterschiedlichen Bodendurchmessern $2r$ und unterschiedlichen Höhen $h = cr$ vor. Bei allen Dosen wird $2r$ mit übereinstimmendem relativem Fehler α gemessen. Wie wirken sich die Größe der Meßwerte $2r$ und der konstante Faktor c im relativen Fehler des Volumens der jeweiligen Dose aus?

h) In einem Dreieck kann die Messung der Seiten b und c als genau angesehen werden, während die Messung des eingeschlossenen Winkels α mit dem absoluten Fehler $|\mathrm{d}\alpha|$ behaftet ist. Mit welchem absoluten und mit welchem relativen Fehler kann damit die dritte Dreiecksseite a berechnet werden? Zahlenwerte: $b = 400$ m, $c = 500$ m, $\alpha = 60°$, $|\mathrm{d}\alpha| = 10''$ ($1''$ = Bogensekunde = (1/3 600) Grad).

i) Bei der Spiegelablesung mit Skala und Fernrohr wird bei festem Skalenabstand s der Ausschlag x mit dem absoluten Fehler $|\mathrm{d}x|$ gemessen. Wie groß ist der relative Fehler des Ausschlagwinkels α? Zahlenwerte: $s = 2$ m, $x = 25$ cm, $|\mathrm{d}x| = 1$ mm.

j) Der Radius einer Kugel sei mit $R = (5{,}012 \pm 0{,}005)$ cm gemessen worden (d. h. $|\mathrm{d}R| \leqq 0{,}005$ cm). Die absoluten und relativen Fehler für Kugeloberfläche und Kugelvolumen sind abzuschätzen.

k) Der Hammer einer Dampframme falle aus einer Höhe $h = 3$ m auf das zu bearbeitende Objekt mit der Geschwindigkeit $v = (2gh)^{1/2}$. Welche absoluten und relativen Geschwindigkeitsunterschiede entstehen, wenn h bis auf Abweichungen von 2 % eingehalten wird?

9.7. Mit dem Mittelwertsatz der Differentialrechnung (gegebenenfalls mit dem Satz von Rolle) beweise man:

a) Die Lösungen von $x^2 + ax + b = 0$ werden durch $-a/2$ getrennt, wenn sie reell sind.

b) $x^3 - 3x + c = 0$ hat für kein c zwei Lösungen zwischen 0 und 1.

c) Die Funktion $(\mathrm{d}/\mathrm{d}x)[x(x-1)]^2$ hat wenigstens eine Nullstelle zwischen 0 und 1.

d) $nx^{n-1} \geqq (x^n - y^n)/(x - y) \geqq ny^{n-1}$ ($x > y > 0$, $n = 1, 2, \ldots$).

e) $(y - x)\cos y \leqq \sin y - \sin x \leqq (y - x)\cos x$ ($0 < x < \pi/2$); ($0 < y < \pi/2$).

f) $x^n + px + q = 0$ hat höchstens zwei reelle Lösungen für gerade n und höchstens drei reelle Lösungen für ungerade n.

g) Es seien $f(x)$ und $f'(x)$ stetig für $0 \leqq x \leqq 1$, und es sei dort $f'(x) \geqq a > 0$, $f(0) = 0$. Dann ist in $0 \leqq x \leqq 1$ ein Teilintervall der Länge 1/2 enthalten, in dem $f(x) \geqq a/2$ ist.

h)* Eine Ableitung $f'(x)$ kann keine hebbare Unstetigkeit haben, d. h.: existiert $f'(x)$ für alle x einer Umgebung von $x = a$ und existiert der Grenzwert $\lim f'(a + \tilde{h})$ für $\tilde{h} \to 0$, so ist dieser Grenzwert gleich $f'(a)$.

9.8. Mit dem Mittelwertsatz der Differentialrechnung prüfe man,

a) welche der in 9.6.a), b) mit der elementaren Fehlerrechnung ermittelten Werte jeweils als obere oder untere Schranke der zugehörigen exakten Werte genommen werden können,

b) ob man die in 9.6.c) ermittelten Schranken als „echte" Schranken anerkennen kann.

9.9. Mit der Regel von de l'Hospital berechne man die folgenden Grenzwerte:

a) $\lim\left[\{\ln(\tan(7x))\}\{\ln(\tan(2x))\}^{-1}\right]$ für $x \to +0$,
b) $\lim x^z$ mit $z = (x-1)^{-1}$ für $x \to 1$,
c) $\lim\{(\ln x)(\ln(1-x))\}$ für $x \to +0$,
d) $\lim\{(\tan x)^{\tan(2x)}\}$ für $x \to \pi/4$,
e) $\lim\{(x^{-2})^z\}$ mit $z = \ln(1-\mathrm{x})$ für $x \to +0$,
f) $\lim \ln\{(2+3\,\mathrm{e}^x)(5+7x)^{-1}\}$ für $x \to \infty$,
g) $\lim\left[\{\ln(a+b\,\mathrm{e}^x)\}\{c+dx^2\}^{-1/2}\right]$ für $x \to \infty$, $(b, c, d > 0)$,
h) $\lim\{(1-2^x)^{\sin x}\}$ für $x \to -0$,
i) $\lim\left[\{\ln(x-1)\}\{\tan(\pi/2x)\}^{-1}\right]$ für $x \to 1+0$,
j) $\lim[x\ln\{(x-1)/(x+1)\}]$ für $x \to \infty$,
k) $\lim[(1+\mathrm{e}^{-x})^z]$ mit $z = \cot(1/x)$ für $x \to \infty$,
l) $\lim[(\cot x)^{\sin x}]$ für $x \to +0$,
m) $\lim\left[3(x^2+x)^{-1} - 6(\sin(2x))^{-1}\right]$ für $x \to +0$,
n) $\lim[(1-\cos x)(x^5\sin x)^{-1} - 2x^{-4}]$ für $x \to 0$,
o) $\lim[b\tan(3x)+\cos x]^{1/x}$ für $x \to +0$,
p) die Grenzwerte aus 15.9.

9.10. Gesucht sind das Taylorpolynom vom (höchstens) n-ten Grad und eine Abschätzung des Restgliedes $R_n(x)$ in der Taylorformel (Entwicklungsstelle $x = x_0$) für die durch folgende Ausdrücke gegebenen Funktionen:

a) $\ln\left[\{(1+x)/(1-x)\}^{1/2}\right]$, $0 \leqq x \leqq 1/3$, $x_0 = 0$, $n = 2$,
b) $(\sinh x)^2$, $0 \leqq x \leqq 1/2$, $x_0 = 0$, n derart, daß $|R_n(x)| \leqq 5 \cdot 10^{-5}$,
c) $(1+\sin x)^{1/2}$, $|x| \leqq \pi/6$, $x_0 = 0$, $n = 2$,
d) $(1+x)^{1/2}$, $|x| \leqq 1/2$, $x_0 = 0$, $n = 3$.

9.11. a) Wie klein muß $x > 0$ sein, wenn man bei der Berechnung von $(1+x)^{1/2}$ die Näherungsformel $1 + (x/2)$ benutzt und nach der Rechnung 6 Dezimalen beizubehalten wünscht?
b) In $\ln(1+x) = x - (x^2/2) + ux^3$ mit $0 \leqq x \leqq 1/2$ bestimme man eine möglichst kleine Konstante M, für die $|u| = |u(x)| \leqq M$ gilt.

10. Anwendung des Ableitungsbegriffs

10.1. a) Ein Fahrzeug soll in möglichst kurzer Zeit vom Punkt (0 km; 0 km) zum Punkt (30 km; 10 km) gelangen. Auf der Straße (im Modell die x-Achse) kann es 50 kmh^{-1} fahren, im Gelände (außerhalb der x-Achse) dagegen nur 20 kmh^{-1}. An welcher Stelle der Straße muß es abbiegen?
b) Ein kreiszylindrischer, oben offener Behälter vom (lichten) Inhalt V und der Wand- und Bodenstärke a ist mit möglichst wenig Material herzustellen. Man bestimme für diesen Fall den Radius r des inneren Grundkreises und den Materialverbrauch M.
c) Eine Punktmasse schwingt gemäß dem Weg-Zeit-Gesetz $s = \exp(\sin t)$. Wann hat der

absolute Betrag der Geschwindigkeit ein relatives Maximum, und wie groß ist s im jeweiligen Zeitpunkt?

10.2. a) Durch Kurvendiskussion der linken Seite von $x^3 - 6x^2 + 9x + a = 0$ ermittle man alle a-Werte, für die diese Gleichung genau eine reelle Lösung besitzt.

b) Es seien $a_\nu > 0$, $\nu = 1, 2, 3$, und $x_1 < x_2 < x_3$. Durch Kurvendiskussion der linken Seite von $\sum a_\nu(x - x_\nu)^{-1} = 1$ mit $\nu = 1, 2, 3$ untersuche man, in welchem der Intervalle $x_\nu < x < x_{\nu+1}$ ($x_0 = -\infty$, $x_4 = \infty$; $\nu = 0, \ldots, 3$) genau eine Lösung dieser Gleichung liegt.

c) Gegeben ist $f(x) = (x - a)(x - b)(x - c)^{-1}$. Man zeige α) liegt c zwischen a und b, so nimmt f jeden beliebigen reellen Wert zweimal an (Skizze!); β) liegt c nicht zwischen a und b, so gibt es ein Intervall J, dessen Zahlen von f nicht angenommen werden. Wie lang ist J?

10.3. a) Im Schwerefeld (Erdbeschleunigung g) wird zum Zeitpunkt $t = 0$ in der Höhe $y = h > 0$ eine Punktmasse m mit waagerechter Anfangsgeschwindigkeit $v_0 > 0$ abgeschossen. Unter welchem Winkel α zur Waagerechten trifft m auf dem Erdboden $y = 0$ auf? (Vernachlässigung des Luftwiderstandes, also $x = v_0 t$, $y = h - (g/2)t^2$), Zahlenwerte: $h = 20$ m, $v_0 = 100$ km/h, $g = 9{,}81$ m/s^2.

b) In einem (x, y)-Koordinatensystem bewegt sich längs der Geraden $y = a(x - x_0)$, $(a \neq 0)$ ein Punkt M nach dem Weg-Zeit-Gesetz $s = g(t)$. Er befindet sich zum Zeitpunkt $t = 0$ im Punkt $(x_0; 0)$. Ist die x-Koordinate von M größer als x_0, so sei $s > 0$, sonst $s \leqq 0$. Die Gerade durch die Punkte $(0; h)$ und M schneide die x-Achse im Punkt P. Gesucht ist die Geschwindigkeit von P. Spezialfall mit Zahlenwerten: $a \to +\infty$, $x_0 = 3$ m, $h = 4$ m, $g(t) = t(m/s)$, Geschwindigkeit von P zu den Zeiten $t = 0$ s, 2 s, 3 s, (7/2) s, 3,99 s?

c) In einem in einer vertikalen Ebene liegenden (x,y)-Koordinatensystem hängt am Ort $(0; 0)$ eine Punktmasse m an einem Seil, das an der Stelle $(0; H)$ $(H > 0)$ über eine Rolle geführt wird weiter zu einer Hand an der Stelle (x_0, h), $(x_0 > 0, h > 0)$, die m dadurch nach oben zieht, daß die Hand sich mit der konstanten Geschwindigkeit v_1 waagerecht von der y-Achse entfernt. Gesucht ist die Momentangeschwindigkeit v von m zu demjenigen Zeitpunkt, an dem sich die Hand um die Strecke l von ihrer Ausgangslage entfernt hat. Zahlenwerte: $H = 8{,}5$ m, $h = 1{,}5$ m $v_1 = 0{,}8$ m/s, $x_0 = 1$ m, $l = 4$ m.

10.4. Man bestimme Definitionsbereich, Nullstellen, Unendlichkeitsstellen, relative und absolute Extremwerte, Wendepunkte und die Gleichungen der dortigen Tangenten, asymptotisches Verhalten der durch folgende Ausdrücke gegebenen Funktionen und skizziere die dazugehörigen Kurven. (In den mit * markierten Fällen ist die Lage der Wendepunkte näherungsweise (Newton-Verfahren) zu ermitteln.)

a) $x^3(10(x-2))^{-1}$, b) $x^3/(x-1)^2$,

c) $(x^2-1)((x^2+x)(x-3)^2)^{-1}$, d) $(x+1)(x^2-4x+4)(x^2-5x+6)^{-1}$,

e) $(x^3-4x^2+4x)(x^4-4x^3+5x^2-4x+4)^{-1}$,

f)* $(x-1)(x+1)^{-2}x^{-2}$ (logarithmische Differentiation empfohlen),

g) $ax^2(a^2+x^2)^{-1}$ $(a > 0)$, h)* $(2x^2-1)(x^2-x+1)^{-1}$,

i) $(x+1)(x^2+1)^{-1}$, $|x| \leqq 1$, j) $e^{\sin x}$,

k) $x^2\exp(-x^2)$ mit $\exp z = e^z$, l)* $e^x\{x^4 - (x^5/5)\}$,

m) $(x^3 + x^2 - 2x)(x^2 - x - 6)^{-1}$,
n) $(x^2 - 4x - 5)(x + 3)^{-1}$,
o) $x(\ln x)^2$ $(x > 0)$,
p) $x^{-1}(\ln(3x))^2$ $(x > 0)$,
q) $e^x \sin x$,
r) $|x|^3 + |4x - 5|^3$,
s)* $6 \ln x - x - 10 \arctan x$,
t)* $\exp(2x^3 + 3x^2 - 12x + 5)$,
u) $(x^2/2) - 1 + \cos x$.

10.5. a) Unter allen Rechtecken von gegebenem Umfang l ist dasjenige mit maximalem Flächeninhalt zu bestimmen.

b)* In der Ebene E haben die auf einer Seite der gegebenen Geraden g liegenden Punkte P_1 und P_2 jeweils den Abstand h_1 und h_2 von g. Die von P_1 bzw. P_2 auf g gefällten Lote schneiden g in den Punkten Q_1 und Q_2, wobei die Strecke $\overline{Q_1Q_2}$ die Länge $a > 0$ hat. Gesucht ist der Punkt P auf g, für den die Abstandssumme $\overline{PP_1} + \overline{PP_2}$ ein Minimum wird.

c) Welche Punkte (x, y) der Hyperbel $y^2 - x^2 = 1$ haben vom Punkt (1; 0) die kleinste Entfernung?

d) Der Ellipse $(x^2/a^2) + (y^2/b^2) = 1$ ist dasjenige Rechteck mit achsenparallelen Seiten einzubeschreiben, dessen Flächeninhalt ein Maximum wird.

e) Die Anzahl z der Fahrzeuge, die stündlich eine Straße passieren können, läßt sich aus der mittleren Geschwindigkeit v(m/s) und der mittleren Länge l(m) dieser Fahrzeuge (v, l: Maßzahlen) nach der auf empirischem Wege gefundenen Formel $z = 3\,600\, v(l + (1/2)v + (1/6)v^2)^{-1}$ berechnen. Bei welcher Geschwindigkeit – gemessen in km/h – erreicht die Anzahl z ihren größten Wert, falls $l = 25/6$ ist?

f) Ein Trichter werde (ohne das Ansatzrohr) durch einen geraden Kreiskegel wiedergegeben. Wie ist der Öffnungswinkel 2α dieses Kegels zu wählen, damit der Trichter bei gegebenem Oberflächeninhalt M ein möglichst großes Volumen V besitzt?

g)* In einen gegebenen geraden Kreiskegel (Grundkreisradius R, Höhe H) soll ein Kreiszylinder (Grundkreisradius r, Höhe h) mit maximaler Gesamtoberfläche einbeschrieben werden (Fallunterscheidung $H \leqq 2R$, $H > 2R$).

h) Aus einem Baumstamm (Kreisquerschnitt, Radius R) soll ein Balken mit Rechteckquerschnitt (Breite b, Höhe h) so herausgeschnitten werden, daß er eine möglichst große Tragfähigkeit besitzt, die durch das Widerstandsmoment $W = (1/6)bh^2$ gemessen werden kann.

i) Für die Beleuchtungsstärke B in einem Punkt P einer von einer Lampe Q (Lichtstärke L) beleuchteten ebenen Fläche gilt $B = La^{-2} \sin\alpha$ (a: Entfernung $\overline{QP}$; α: Neigungswinkel der Strahlen gegen die Fläche). In welcher Höhe h über der Mitte eines kreisförmigen Tisches (Radius R) muß die Lampe angebracht werden, damit B am Tischrand ein Maximum wird?

j) Ein Widerstand R wird in einer Wheatstoneschen Brücke mittels eines Vergleichswiderstandes R_v und eines Schiebewiderstandes der Länge l gemäß $R = R_v x(l - x)^{-1}$ gemessen, wobei x jene Länge auf dem Schiebewiderstand bedeutet, die zum Verschwinden des Querstromes in der Brücke führt. Der Ablesefehler Δx von x sei konstant. Für welches x ergibt sich der kleinste relative Fehler und wie groß ist er? Welcher Widerstand R liegt in diesem Fall vor?

k)* In einem stromdurchflossenen Draht D (konstante Stromstärke I) leistet das orientierte Drahtelement $\mathrm{d}\boldsymbol{l}$ an der Stelle Q (Ortsvektor $\boldsymbol{l}$) zum Magnetfeld $\boldsymbol{H}$ an der Stelle P (Ortsvektor $\boldsymbol{r}$) den (differentiellen) Beitrag $\mathrm{d}\boldsymbol{H} = (I/4\pi)|\boldsymbol{r} - \boldsymbol{l}|^{-3}(\mathrm{d}\boldsymbol{l} \times (\boldsymbol{r} - \boldsymbol{l}))$, (Gesetz von Biot-Savart). Gesucht sind bei festem B (siehe Bild 10.1) alle Punkte P und deren Abstände A von der Tangente an D im Punkt Q, für die $|\mathrm{d}\boldsymbol{H}|$ maximal wird (Zusammenhang mit 10.5.i)?).

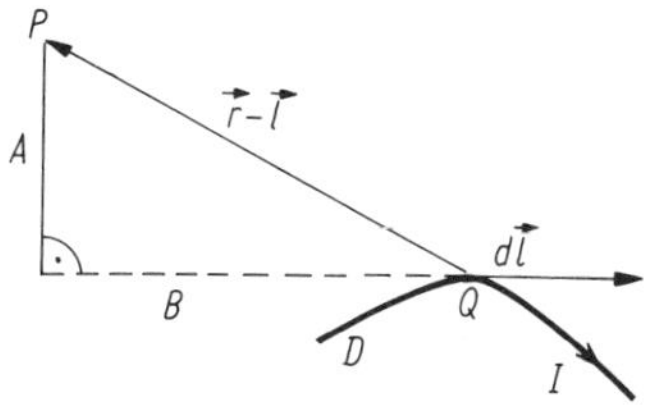

Bild 10.1

10.6. a) Welche Parabel hat mit dem Bogen der Sinuslinie $y = \sin x$ $(0 \leqq x \leqq \pi)$ den Scheitel und die Schnittpunkte mit der x-Achse gemeinsam?

b) Welcher nichtlinearen Gleichung genügen diejenigen x-Werte, für die die Ordinaten beider Kurven aus a) am meisten abweichen?

c) Man löse die Gleichung aus b) nach einem solchen des dort vorkommenden x auf, daß die entstehende Fixpunktgleichung $x = \varphi(x)$ zu einer Iterationsvorschrift $x_{n+1} = \varphi(x_n)$ Anlaß gibt, die – bei geeigneter Wahl eines Startwertes x_0 – zu einer Zahlenfolge $x_0, x_1, x_2, \ldots$ führt, die gegen eine Lösung der Gleichung aus b) strebt.

d) Man entnehme x_0 einer Skizze und führe die Rechnung durch bis 5 Dezimalen „sicher" sind.

10.7. a) An die Parabel $y = 1 + x^2$ wird ein die Abszissenachse berührender Kreis mit dem Radius 1 herangeschoben. In welchem Punkt (x_1, y_1) berührt er die Parabel? Eine sich im Rechengang ergebende nichtlineare Gleichung für eine Unbekannte ist nach dem Newton-Verfahren zu lösen.

b) Ein liegender zylindrischer Kessel mit gegebenem Grundkreisradius R hat ein Fassungsvermögen von 1 500 Liter. Er ist mit 900 Liter Flüssigkeit gefüllt. Wie hoch steht der Flüssigkeitsspiegel? Die sich im Rechengang ergebende nichtlineare Gleichung für den zum Flüssigkeitsspiegel gehörigen Zentriwinkel α ist nach dem Newton-Verfahren zu lösen.

c) Welcher Punkt der Sinuslinie $y = \sin x$ liegt dem Punkt (0; 1) am nächsten? Man benutze das Newton-Verfahren.

10.8. Mit dem Newton-Verfahren berechne man die kleinsten positiven Lösungen der folgenden Gleichungen:

a) $x^2 = \sin(\pi x)$, b) $x^4 + x - 1 = 0$,
c) $\tan x = -x$, d) $x \tan x = 1$,
e) $2x^{1/2} + \ln x = 0$, f) $e^x = (1 + x)^2 - 0{,}2$,
g) $x^3 + e^{-x} = 2$, h) $x^3 - 2{,}4x^2 - 1{,}4x - 6{,}8 = 0$.

10.9. Man bestimme a) die im Intervall $1 < x < 2$ vorhandene Nullstelle der Funktion $y = x^3 - 11{,}4x^2 + 39x - 35$,

b) die in $3 < x < 4$ enthaltene Nullstelle von $y = x - \lg x - 3$ mittels α) der Regula falsi (zwei Dezimalstellen); β) dem Newton-Verfahren (drei Dezimalstellen); γ) dem allgemeinen Iterations-Verfahren (drei Dezimalstellen).

10.10. Von den ebenen Kurven, die durch die folgenden Funktionen $y = y(x)$ dargestellt werden, sind im angegebenen Punkt P die Gleichungen der Tangente und der Normale der Kurve zu bestimmen:

a) $y = (2x^3 + x^2 + 1)^{1/2}$, $P(1; 2)$,

b) $y = y(x)$ mit $x^3 - 3axy + y^3 = 0$, $P((3/2)a; (3/2)a)$,

c) $y = a \ln\{\cos(x/a)\}$, $P(x_0; y_0)$ mit $x_0 = 2\pi a$,

d) $y = y(x)$ mit $x^3 + y^2 + 2x - 6 = 0$, $P(x_0; y_0)$ mit $y_0 = 3$.

10.11. Es sind die Krümmungsradien der folgenden ebenen Kurven im jeweils angegebenen Punkt P zu ermitteln:

a) $y = x^4 - 4x^3 - 18x^2$, $P(0; 0)$, b) $(x^2/9) - (y^2/4) = 1$, $P(x_0; y_0)$ mit $x_0 = 9$,

c) $y = \tan x$, $P(x_0; y_0)$ mit $x_0 = \pi/4$, d) $y = 2e^{3x}$, $P(x_0; y_0)$ mit $x_0 = 0$,

e) $y = x e^{-x}$, $P(x_0; y_0)$ mit $x_0 = -1$.

10.12. a) Man berechne die (vorzeichenbehaftete) Krümmung der durch $y = x^3 - 6x^2 + 9x$ gegebenen Kurve. Wie groß sind speziell die Krümmungen für das Maximum, das Minimum und den Wendepunkt?

b) Man bestimme für die Kurve $y = \ln x\,(x > 0)$ den Punkt, für den die Krümmung einen Extremwert besitzt, sowie in diesem Punkt den zugehörigen Krümmungsradius und den Krümmungskreis.

c) An welcher Stelle hat die Kurve $y = \sinh x$ maximale Krümmung? Wie lautet dort der zugehörige Krümmungsradius?

11. Das unbestimmte Integral

11.1. Ermitteln Sie jeweils eine Stammfunktion von $y = f(x)$:

a) $y = e^{x+1} + 2^{-x} - \pi$,

b) $y = \dfrac{5}{2} x\sqrt{x} - \dfrac{2}{\sqrt[3]{x}} + \dfrac{7}{x}$,

c) $y = \dfrac{(2\sqrt{x}+1)^2}{x^2} - \dfrac{1}{x\sqrt{x}}$,

d) $y = 3^x + 5\cos x + \dfrac{2}{1+x^2}$,

e) $y = \left(\dfrac{1-x}{x}\right)^2 + 8\sqrt[5]{x^3}$,

f) $y = a^x e^x + 23\sqrt{x^3\sqrt{x\sqrt{x}}}$, $a > 0$,

g) $y = \dfrac{3}{\sqrt{x} + \sqrt{x+1}} + \dfrac{x^2}{x^2+1}$,

h) $y = \dfrac{\sqrt{1+x^2} + \sqrt{1-x^2}}{\sqrt{1-x^4}}$,

i) $y = e^x \cosh x + \dfrac{1}{x^2 - 6x + 9}$,

j) $y = \dfrac{\sin^2 x}{1+\cos x} - 2\cos^2 x$,

k) $y = \coth^2 x + \dfrac{1}{1+\cos x}$,

l) $y = \left(\sin\dfrac{x}{2} - \cos\dfrac{x}{2}\right)^2 + \dfrac{12x^4}{x-1}$.

11.2. Durch Substitution berechne man die Integrale:

a) $\displaystyle\int \frac{6\,dx}{1-3x}$, b) $\displaystyle\int 3\sqrt{8x-4}\,dx$, c) $\displaystyle\int \frac{dx}{\sqrt[3]{5x-7}}$, d) $\displaystyle\int \frac{x\,dx}{\sqrt{x^2+8}}$,

e) $\displaystyle\int \frac{2x+4}{x^2+4x+7}\,dx$, f) $\displaystyle\int \frac{x^2}{x^3-7}\,dx$, g) $\displaystyle\int \frac{\sin x}{\sqrt{5+\cos x}}\,dx$,

h) $\int (x^3 + 2x)\sqrt{x^2 - 1}\,\mathrm{d}x$, i) $\int (18x^3 + 3x)\sqrt{3x^4 + x^2}\,\mathrm{d}x$,

j) $\int \frac{2x - 5}{x^2 - 5x + 8}\,\mathrm{d}x$, k) $\int (6x + 3)\,\mathrm{e}^{x^2 + x + 5}\,\mathrm{d}x$, l) $\int \frac{\mathrm{d}x}{x \ln x}$,

m) $\int 3\mathrm{e}^x \sqrt{\mathrm{e}^x + 1}\,\mathrm{d}x$, n) $\int \sin x \cdot \sqrt{2 - \cos x}\,\mathrm{d}x$, o) $\int 3\cos x \sin^2 x\,\mathrm{d}x$,

p) $\int \cos x \cdot \sin 2x\,\mathrm{d}x$, q) $\int \frac{\cos x}{\sin^2 x}\,\mathrm{d}x$, r) $\int \frac{4x \arctan x^2}{1 + x^4}\,\mathrm{d}x$,

s) $\int 9\sqrt{\frac{\operatorname{arsinh} 6x}{1 + 36x^2}}\,\mathrm{d}x$, t) $\int \frac{x \cos\sqrt{x^2 + 1}}{\sqrt{x^2 + 1}}\,\mathrm{d}x$.

11.3. Berechnen Sie mittels partieller Integration oder durch Substitution:

a) $\int x(\sin x^2 + \cos x^2)\,\mathrm{d}x$, b) $\int \mathrm{e}^{a\sqrt{t} + b}\,\mathrm{d}t$, $a \neq 0$, c) $\int x\,\mathrm{e}^{3x}\,\mathrm{d}x$,

d) $\int (2x + 1)\arctan x\,\mathrm{d}x$, e) $\int x^2 \sin x\,\mathrm{d}x$, f) $\int (x^2 - 4)\cos 2x\,\mathrm{d}x$,

g) $\int \sin^3 x\,\mathrm{d}x$, h) $\int \frac{2\cosh t}{3 + \cosh^2 t}\,\mathrm{d}t$, i) $\int \frac{x^3 + 4x}{(x^2 + 4)^2}\,\mathrm{d}x$,

j) $\int \ln(x^2 + a^2)\,\mathrm{d}x$, $a \neq 0$, k) $\int (3x^2 + 4x)\ln(x + 1)\,\mathrm{d}x$,

l) $\int \mathrm{e}^{ax}\cos bx\,\mathrm{d}x$, $a \neq 0$, $b \neq 0$, m) $\int \cos(\ln t)\,\mathrm{d}t$, n) $\int \frac{x}{\sin^2 x}\,\mathrm{d}x$,

o) $\int \tanh(7x)\,\mathrm{d}x$, p) $\int \frac{\arcsin x}{\sqrt{1 + x}}\,\mathrm{d}x$, $-1 < x < 1$, q) $\int \frac{\ln t}{t^3}\,\mathrm{d}t$,

r) $\int \frac{\mathrm{e}^x + \cos x}{\mathrm{e}^{2x}}\,\mathrm{d}x$, s) $\int t\ln(t^2 + 1)\,\mathrm{d}t$, t) $\int \frac{\cos x \sin^2 x + \cos^3 x + \sin x}{\cos x \sin 2x}\,\mathrm{d}x$.

11.4. Für die folgenden Integrale $I_n (n \in N)$ sind Rekursionsformeln aufzustellen. Außerdem gebe man jeweils I_0, I_1, I_2, I_3 an.

a) $I_n = \int x^n \mathrm{e}^{ax}\,\mathrm{d}x$, $a \neq 0$, b) $I_n = \int x(\ln x)^n\,\mathrm{d}x$, c) $I_n = \int \cos^n x\,\mathrm{d}x$,

d) $I_n = \int x^n \sinh x\,\mathrm{d}x$, e)* $I_n = \int \frac{\mathrm{d}x}{(x^2 + a^2)^n}$, $a \neq 0$.

11.5. Benutzen Sie die Partialbruchzerlegung, um folgende Integrale zu bestimmen:

a) $\int \frac{2x^2 + 41x - 91}{(x - 1)(x + 3)(x - 4)}\,\mathrm{d}x$, b) $\int \frac{x + 2}{x^3 - 2x^2 + x}\,\mathrm{d}x$,

c) $\int \frac{2x^2+9x+12}{x^2+6x+10}\,dx$, d) $\int \frac{x^3+5x^2-10x-20}{x^3+x^2-4x-4}\,dx$,

e) $\int \frac{3x^2+1}{(x^2-1)^3}\,dx$, f) $\int \frac{x^3+7x}{x^4+16x^2+63}\,dx$,

g) $\int \frac{x^3+1}{x^4-4x^3+6x^2-4x+1}\,dx$, h) $\int \frac{3x^4}{x^4+5x^2+4}\,dx$,

i)* $\int \frac{3t^3}{(t^3-1)^2}\,dt$.

11.6. a) bis e), f)*, g)*: Zu den in der Aufgabe 6.24. a) bis g) gegebenen gebrochen rationalen Funktionen ermittle man jeweils eine Stammfunktion.

11.7. Durch Zurückführung auf Grundintegrale und Substitution bestimme man:

a) $\int \frac{dx}{\sqrt{9-x^2}}$, b) $\int \frac{dx}{\sqrt{9+x^2}}$, c) $\int \frac{dx}{\sqrt{x^2-9}}$,

d) $\int \sqrt{x^2+16}\,dx$, e) $\int \sqrt{x^2-16}\,dx$, f) $\int \sqrt{16-x^2}\,dx$,

g) $\int \frac{dx}{\sqrt{10x-x^2-21}}$, h) $\int \frac{dx}{\sqrt{3+2x+x^2}}$, i) $\int \frac{dx}{\sqrt{x^2-6x+5}}$,

j) $\int \sqrt{x^2+6x+10}\,dx$, k) $\int \sqrt{5-4x-x^2}\,dx$, l) $\int \sqrt{x^2-10x-11}\,dx$,

m) $\int \frac{3x+2}{\sqrt{x^2-10x+29}}\,dx$, n) $\int \frac{5x+12}{\sqrt{-7x-x^2}}\,dx$, o) $\int \frac{4x+12}{\sqrt{4x^2+4x+3}}\,dx$.

11.8. Klassifizieren Sie, zu welcher Funktionenklasse der Integrand gehört, und berechnen Sie die Integrale:

a) $\int \frac{15(x+1)^2}{\sqrt{x}}\,dx$, b) $\int \frac{dx}{\sqrt{x}\,(1+x)}$, c) $\int \frac{x}{\sqrt[3]{x-1}}\,dx$,

d) $\int \frac{x-1+\sqrt[3]{x+1}}{x+1}\,dx$, e) $\int \frac{dx}{x(1+\sqrt[3]{x})}$, f) $\int \frac{dx}{1+\sqrt{x+1}}$,

g) $\int \frac{e^x+2}{e^x+1}\,dx$, h) $\int \frac{e^x\,dx}{e^{2x}+a}$, $a>0$, i) $\int \frac{2e^{3x}}{e^{2x}-1}\,dx$,

j) $\int \frac{dx}{\sin x}$, k) $\int \frac{x+\sqrt{x-1}}{x-\sqrt{x-1}}\,dx$, l) $\int \cos x \cdot \cos 3x\,dx$,

m) $\displaystyle\int \frac{3e^x - e^{-x} + 4}{e^x - e^{-x} + 2}\,dx$, n) $\displaystyle\int \frac{1 + \cos x}{\sin^3 x}\,dx$, o) $\displaystyle\int \frac{21e^{2x}}{\sqrt[4]{e^x + 1}}\,dx$,

p) $\displaystyle\int \frac{2dx}{1 + 3\cos x}$, q) $\displaystyle\int \frac{2dx}{3 + \cos x}$, r) $\displaystyle\int \frac{4e^x + 3}{1 + e^{-2x}}\,dx$,

s) $\displaystyle\int \frac{\sin^2 x + 2\cos^2 x}{\sin^4 x}\,dx$, t)* $\displaystyle\int \frac{2dx}{1 + 3\cos^2 x}$,

u)* $\displaystyle\int \frac{dt}{a^2\cos^2 t + b^2 \sin^2 t}$, $ab \neq 0$, v) $\displaystyle\int \frac{dx}{x\sqrt{4x^2 + x + 1}}$,

w)* $\displaystyle\int \frac{1 - \sqrt{x^2 + x + 1}}{x\sqrt{x^2 + x + 1}}\,dx$.

11.9. Benutzen Sie geeignete Integrationsmethoden, um für $y = f(x)$ eine Stammfunktion $F(x)$ zu bestimmen:

a) $y = \dfrac{1}{\sqrt{2x + 1} - 3}$, b) $y = \dfrac{x^2 - 27}{x^4 + 9x^2}$, c) $y = \dfrac{1}{e^{2x} - 1}$,

d) $y = \dfrac{\cos^3 x}{\sin^4 x}$, e) $y = \dfrac{x^3}{\sqrt{1 + 4x^2}}$, f) $y = \dfrac{e^x}{\sqrt{e^{2x} - 1}}$,

g) $y = \dfrac{1}{5 - 4\sin x + 3\cos x}$, h) $y = \dfrac{1}{4 + 3\tan x}$,

i) $y = \dfrac{1 + 2\sqrt{x - 1}}{x(\sqrt{x - 1} - 2)}$, j) $y = \dfrac{x - 2}{\sqrt{x^2 + 2x + 3}}$, k) $y = \dfrac{1}{x\sqrt{x^2 + 4x - 4}}$,

l) $y = \dfrac{\arcsin x}{x^2}$, m) $y = \dfrac{1}{\sqrt{e^x + 1}}$, n) $y = \dfrac{\sin^3 x}{\cos x}$,

o)* $y = \dfrac{1}{\sin x \cdot \cos^3 x}$, p) $y = (3x^2 + 2x - 1)\arctan(x - 2)$,

q) $y = \dfrac{x}{(x^2 + 2x + 2)^2}$, r) $y = \dfrac{\sin^4 x + \cos^4 x}{\cos^2 x - \sin^2 x}$, s)* $y = \dfrac{5\sin x}{4\cos x + 3\sin x}$,

t)* $y = \dfrac{1}{x + \sqrt{x^2 + x + 1}}$, (Substitution: $\sqrt{x^2 + x + 1} = t - x$).

12. Das bestimmte Integral

12.1. Gemäß der Definition des bestimmten Integrals als Grenzwert geeigneter Zerlegungssummen berechne man die folgenden Integrale, ($0 \leqq a \leqq b$). Dabei arbeite man mit Zerlegungen in gleichgroße Teilintervalle.

a) $\int\limits_0^a t\,\mathrm{d}t$, b) $\int\limits_a^b x^2\,\mathrm{d}x$, c) $\int\limits_a^b 5^s\,\mathrm{d}s$.

12.2. Gegeben sei ein Stab der Länge l mit der stetigen Liniendichte $\varrho = \varrho(x)$.

a) Wie kann man die Gesamtmasse m des Stabes mit Hilfe von $\varrho(x)$ ausdrücken? (Hinweis: Für einen homogenen Stab, d. h. $\varrho = \text{const}$, ist die Masse das Produkt von Liniendichte und Stablänge.)

b) Man berechne die Gesamtmasse des Stabes, falls $\varrho(x) = ax\sqrt{x}$ gilt.

12.3. Durch ein Rohr mit konstantem Querschnitt Q strömt eine Flüssigkeit mit der an jeder Stelle des Ausflußquerschnittes gleichen, aber zeitlich veränderlichen Geschwindigkeit $v(t)$.

a) Das in der Zeit von $t_a \ldots t_b$ durch den Querschnitt strömende Flüssigkeitsvolumen V läßt sich für stetiges $v(t)$ als bestimmtes Integral angeben. Wie lautet dieses?

b) Es sei speziell $v(t) = A\,\mathrm{e}^{-kt}$, A, k konstant und $t_a = 0$. Man berechne das auftretende bestimmte Integral durch Grenzwertbetrachtung; dabei soll eine gleichabständige Zerlegung des Zeitintervalls $[0, t_b]$ benutzt werden, für den Integranden ist als Zwischenpunkt jeweils der linke Eckpunkt jedes Teilintervalls zu wählen.

c) Was ergibt sich für den in der Teilaufgabe b) ermittelten Wert von V beim Grenzübergang $t_b \to \infty$?

12.4. Für eine in $[-a, a]$ stetige Funktion f beweise man die Gültigkeit von:

a) $\int\limits_{-a}^{a} f(x)\,\mathrm{d}x = \int\limits_{-a}^{a} f(-x)\,\mathrm{d}x$, b) $\int\limits_{-a}^{a} f(x)\,\mathrm{d}x = \int\limits_{0}^{a} [f(x) + f(-x)]\,\mathrm{d}x$.

c) Welches Ergebnis erhält man in b), falls f eine gerade bzw. eine ungerade Funktion ist?

12.5. Wenden Sie zur Berechnung der folgenden bestimmten Integrale die in Abschnitt 11. geübten Integrationsmethoden an:

a) $\int\limits_1^{\sqrt{3}} \frac{\mathrm{d}x}{1+x^2}$, b) $\int\limits_0^2 (x^2 - 3\mathrm{e}^x + 2\sin x)\,\mathrm{d}x$, c) $\int\limits_{-1}^{1} x^n\,\mathrm{d}x$ ($n \geqq 0$ ganzzahlig),

d) Bestimmen Sie $p > 1$ so, daß $\int\limits_1^p \frac{\mathrm{d}x}{x} = \int\limits_1^p \ln x\,\mathrm{d}x$ ist. e) $\int\limits_1^{\sqrt{19}} \frac{x}{\sqrt{4x^2+5}}\,\mathrm{d}x$,

f) $\int\limits_2^8 \frac{\mathrm{d}t}{t^2+t}$, g) $\int\limits_1^3 \frac{|x-2|}{x^2}\,\mathrm{d}x$, h) $\int\limits_{1/\mathrm{e}}^{\mathrm{e}} \frac{|\ln x|}{x}\,\mathrm{d}x$, i) $\int\limits_0^3 |x^2 - 3x + 2|\,\mathrm{d}x$,

j) $\int\limits_0^{\sqrt{3}} x \arctan x\,\mathrm{d}x$, k) $\int\limits_a^b x|x|\,\mathrm{d}x$, l) $\int\limits_{-\ln \mathrm{e}}^{1} \mathrm{e}^{x^2} \sin^3 2x\,\mathrm{d}x$, m) $\int\limits_0^{2\pi} |t \sin t|\,\mathrm{d}t$,

n) $\int\limits_1^2 \frac{1}{x^2} \arctan\left(\frac{x-2}{x}\right)\mathrm{d}x$, o) $\int\limits_{s=0}^{\sqrt[10]{3}} \frac{s^4}{s^{10}+1}\,\mathrm{d}s$,

p) $\int\limits_{-10}^{10} \sqrt{100-x^2} \cdot \arctan x^3 \, dx$, q)* $\int\limits_{0}^{\pi/4} \frac{dx}{\cos^4 x}$, r) $\int\limits_{-6}^{-1} \frac{z}{z-3+\sqrt{3-z}} \, dz$,

s) $\int\limits_{0}^{1} \frac{t\,e^t}{(t+1)^2} \, dt$, t) $\int\limits_{1}^{2} \frac{5dx}{x\left(\sqrt{\frac{2}{x}-1}+2\right)}$, u) $\int\limits_{0}^{\pi/6} \frac{\cos x + \sin x}{\cos x - \sin x} \, dx$,

v) $\int\limits_{-1}^{1} \frac{t^2 \, dt}{(1+t^2)^2}$, w)* $\int\limits_{0}^{1} \sqrt{\frac{1-\sqrt{x}}{1+\sqrt{x}}} \, dx$, x)* $\int\limits_{6/7}^{1} \sqrt[3]{\frac{1-x}{2-x}} \, dx$,

(Aufgabe 11.5.i) beachten!).

12.6. Man verwende einen Mittelwertsatz der Integralrechnung, um

a) eine Abschätzung für $I = \int\limits_{0}^{100} \frac{e^{-x}}{x+100} \, dx$ anzugeben.

b) Obige Abschätzung ist zu verbessern, indem man das Integrationsintervall in [0, 10] und [10, 100] aufteilt.

12.7. Der Wert des bestimmten Integrals ist durch möglichst günstige Schranken einzuschließen. (Hinweis: Man schätze den Integranden nach unten und nach oben durch Funktionen ab, deren Integration problemlos ist.)

a) $I = \int\limits_{0}^{1/2} \frac{dx}{\sqrt{1-x^{2n}}}$, $n \geqq 2$, ganz, b) $I = \int\limits_{0}^{1} \frac{dx}{\sqrt{4-x^2+x^3}}$,

c) $I = \int\limits_{0}^{1} \frac{dx}{\sqrt{4-3x+x^3}}$, d) $I = \int\limits_{0}^{1} \frac{x^{29} \, dx}{\sqrt[3]{1+x^{15}}}$, e) $I = \int\limits_{0}^{1} \frac{1+x^{30}}{1+x^{60}} \, dx$.

12.8. Ermitteln Sie den Inhalt des ebenen Bereiches (Skizze anfertigen!), der begrenzt wird durch die Kurve:

a) $y = -x^3 + 9x^2 - 23x + 15$ und die x-Achse,

b) $y = f(x) = x^2 \cos 2x$ und das Intervall $[0, x_0]$, wobei x_0 die kleinste positive Nullstelle von f ist,

c) $y = 2\sin^2 x - \frac{1}{2}$ und die Geraden $y = 0$, $x = 0$, $x = 2\pi$,

d) $y^2 = 4x$ und die Gerade $y = 2x - 4$.

12.9.* Gesucht ist der Inhalt der Fläche, die unter der Kurve $y = (x^2-1)^{-2}$ und der Geraden $y = 4$ liegt und außerdem durch $x = -2$, $x = 2$, $y = 0$ begrenzt wird.

12.10. Für ein geeignetes Parameterintervall wird durch $x(t) = 3t^2$, $y(t) = 3t - t^3$ eine geschlossene Kurve dargestellt (Skizze!). Welchen Inhalt hat die Schleife?

12.11. Die spezielle Astroide hat die Gleichungen $x = r\cos^3\varphi$, $y = r\sin^3\varphi$. Wie groß ist die von ihr eingeschlossene Fläche?

12.12. Ist der Inhalt des ebenen Bereiches, begrenzt durch die Gerade $x = \frac{5}{3}a$ und den Hyperbelast $x = a\cosh t$, $y = b\sinh t$ $(a > b > 0)$, größer als $ab\,e^{0,12}$?

12.13. Bestimmen Sie den Anstieg m einer durch $P(-1;\,1)$ verlaufenden Geraden so, daß der Inhalt A des von dieser Geraden und der Parabel $2y = x^2$ begrenzten Bereiches minimal wird! Wie groß ist $A_{\min}$?

12.14. Berechnen Sie die Koordinaten des geometrischen Schwerpunktes der Fläche, die eingeschlossen wird durch die x-Achse und die Kurve der Funktion $y = \sin x$ mit $0 \leqq x \leqq \pi$!

12.15. Die Kurven $y = \frac{2}{x-1}$ $(x > 1)$, $y = 2e^{x-2}$ und die Geraden $x = -1$, $x = 3$, $y = 0$ begrenzen ein Flächenstück F.

a) Welche Koordinaten hat der geometrische Schwerpunkt von F?
b) Mit der Guldinschen Regel ist das Volumen des Körpers zu ermitteln, der bei Rotation von F um die x-Achse entsteht.

12.16. $F(a)$ sei der Inhalt der Fläche, die von den Kurven $y = xe^{-x}$ $(x \geqq 0)$, $y = 0$, $x = a > 0$ berandet wird. Berechnen Sie $F(a)$ und den geometrischen Schwerpunkt der Fläche. Was ergibt sich für $a \to +\infty$?

12.17. Berechnen Sie das Volumen des Rotationskörpers, der entsteht, wenn

a) die von den Kurven $4x^2 - y^2 = 4$, $y = x^2$ und der x-Achse berandete endliche Fläche um die x-Achse rotiert,
b) die von den Kurven $y = 6 - \frac{6}{x^2}$, $y = 0$, $x = 2$, $x = 6$ berandete endliche Fläche um die x-Achse rotiert,
c) die endliche Fläche, begrenzt durch die Kurven $x = t + \cos t$, $y = \sin t + \cos t$, $\left(0 \leqq t \leqq \frac{\pi}{2}\right)$, $x = 1$, $x = \frac{\pi}{2}$, um die x-Achse rotiert,
d) der durch $x^2 + y^2 = 9$ $(y \geqq 0)$ und $x^2 = 8y$ begrenzte ebene Bereich um die y-Achse rotiert,
e) die durch $y = \frac{\sqrt{x}}{1 + x^2}$, $0 \leqq x \leqq x_0$, und die Gerade $x = x_0$ berandete Fläche um die x-Achse rotiert (welches Volumen erhält man für $x_0 \to +\infty$?),
f) die durch die Kurve $y = \cos x$, $0 \leqq x \leqq \frac{\pi}{2}$, und die Koordinatenachsen berandete endliche Fläche um die y-Achse rotiert (Guldinsche Regel beachten!).

12.18. Welchen Inhalt hat die Fläche, die entsteht, wenn die Kurve $y = f(x)$ um die x-Achse rotiert?

a) $f(x) = \frac{x^3}{12} + \frac{1}{x}$, $1 \leqq x \leqq 2$, b) $f(x) = \sqrt{r^2 - x^2}$, $|x| \leqq r$,

c) $y = \sin x$, $x \in [0, \pi]$.

12.19. Der Bereich B wird durch die Koordinatenachsen und die Kurve $y = \cos\sqrt{x}$ – bis zur kleinsten positiven Nullstelle – begrenzt.

a) Welchen Inhalt hat B?
b) B rotiert um die x-Achse; welches Volumen hat der Rotationskörper?

12.20. Das durch die Kurve $y^2 = 2px$, $p > 0$, und die Gerade $x = \frac{p}{2}$ begrenzte Parabelsegment rotiere

a) um die y-Achse, b) um die Gerade $x = \frac{p}{2}$.

Mit Hilfe der Guldinschen Regel sind die Volumina der Rotationskörper zu berechnen.

12.21. Der Schwerpunkt des von der Geraden $y = -\frac{2}{3}x + 2r$ $(r > 0)$, dem Kreisbogen $x^2 + y^2 = r^2$ und den Strecken $r \leqq x \leqq 3r$, $r \leqq y \leqq 2r$ begrenzten Bereiches ist mit der Guldinschen Regel zu bestimmen.

12.22. Berechnen Sie die Länge der Kurve

a) $y = \frac{1}{2}x^2, \quad -1 \leqq x \leqq 1,$ b) $y = \cosh x, \quad -a \leqq x \leqq a,$

c) $y = \frac{3}{2}\sqrt[3]{x} - \frac{3}{10}\sqrt[3]{x^5}, \quad 1 \leqq x \leqq 8,$ d) $y = \frac{1}{4}\ln x - \frac{1}{2}x^2, \quad 2 \leqq x \leqq 4,$

e) $x(t) = e^{\frac{12}{5}t}\sin t, \quad y(t) = e^{\frac{12}{5}t}\cos t, \quad 0 \leqq t \leqq 5,$

f) $x(t) = \ln t, \quad y(t) = 2\sqrt{t}, \quad 3 \leqq t \leqq 8,$

g) $x(t) = t^2, \quad y(t) = at^3, \quad (a > 0),$ für $0 \leqq t \leqq t_0,$

h) $x(t) = t\cos t - \sin t, \quad y(t) = t\sin t + \cos t + 1, \quad -\pi \leqq t \leqq \frac{\pi}{2},$

i) $x = t\sin t, \quad y = \frac{2}{3}\sqrt{2t^3}, \quad z = 2 - t\cos t; \quad 1 \leqq t \leqq 3,$

j) $x = \frac{2}{3}\sqrt{(t+2)^3}, \quad y = z = \sqrt{2}\,t, \quad 1 \leqq t \leqq 9,$

k) $x = 1 + t\sin t, \quad y = t\sqrt{3}, \quad z = 1 - t\cos t, \quad 0 \leqq t \leqq 4,$

l) $x = e^{-t}\cos t, \quad y = e^{-t}\sin t, \quad z = e^{-t}, \quad t \in [0, +\infty),$

m) $r(\varphi) = e^{2\sqrt{2}\varphi}, \quad 0 \leqq \varphi \leqq \sqrt{2}.$

12.23. Berechnen Sie den Inhalt des Sektors,

a) der durch die Kurven $y = \frac{x}{2}$, $y = \frac{x}{3}$ und $y = \sqrt{x}$ begrenzt wird,

b) den das Kurvenstück $x(t) = 3\cos t$, $y(t) = 2t + \cos^2 t$, $0 \leqq t \leqq \frac{\pi}{2}$ mit dem Koordinatenursprung bildet,

c) der im 1. Quadranten von der Kurve $\frac{x^2}{3} + y^2 = 1$ und den Geraden $y = 0$ und $y = x$ begrenzt wird.

12.24. Welchen Inhalt hat der durch eine Windung der logarithmischen Spirale $r = e^{\varphi}$, $\varphi \in [0, 2\pi]$, bestimmte Sektor? Geben Sie für die Kurve eine Darstellung an, in welcher der Parameterwert den Inhalt derjenigen Sektorfläche angibt, die durch die zu den Winkeln 0 und φ gehörenden Polstrahlen begrenzt wird. Zu welchem Winkel φ_i gehört die Sektorfläche mit dem Inhalt 10^i, $i = 0(1)4$?

12.25. Benutzen Sie zur Darstellung der Lemniskate $(x^2 + y^2)^2 = 2a^2(x^2 - y^2)$, $a > 0$, Polarkoordinaten und berechnen Sie den Inhalt des so begrenzten Bereiches (Skizze!). Welches Volumen hat der durch Rotation der Lemniskate um die x-Achse erzeugte Körper?

12.26. Die durch $r(\varphi) = 2a(1 + \cos\varphi)$, $0 \leqq \varphi < 2\pi$, $a > 0$, bestimmte Kurve heißt Kardioide (Skizze!).

a) Man berechne ihre Länge und bestimme ihren geometrischen Schwerpunkt.
b) Bestimmen Sie den Inhalt und die Koordinaten des geometrischen Schwerpunktes des durch die Kardioide begrenzten Bereiches.

12.27. Gegeben ist der Zykloidenbogen $x = a(t - \sin t)$, $y = a(1 - \cos t)$, $0 \leqq t \leqq 2\pi$, $a > 0$. Berechne Sie

a) seine Länge l,
b) den Wert x_0, für den der Zykloidenbogenabschnitt über $[0, x_0]$ die Länge $\frac{l}{4}$ hat,
c) das Volumen und die Oberfläche des Körpers, der bei Rotation des Zykloidenbogens um die x-Achse entsteht,
d) die Koordinaten des geometrischen Schwerpunktes des Zykloidenbogens unter Beachtung der Guldinschen Regel,
e) das geometrische Trägheitsmoment des Bogens bezüglich der x-Achse.

12.28. Gegeben ist das bestimmte Integral $I = \int\limits_0^{\pi} \sin x \, dx$.

a) Man ermittle den exakten Wert von I.
b) Berechnen Sie mit Hilfe der Simpsonschen Regel einen Näherungswert von I, dabei soll $[0, \pi]$ in 6 gleiche Teilintervalle zerlegt werden (Rechnung mit sechs Dezimalstellen).
c) Der Fehler $|R|$ soll gemäß Bd. 2, Abschnitt 10.3., abgeschätzt und mit dem tatsächlichen Fehler verglichen werden.

12.29. Berechnen Sie die Integrale näherungsweise mit

α) der Trapezregel; β) der Simpsonschen Regel;

dabei ist n die Anzahl der Teilintervalle (Rechnung mit 6 Dezimalstellen). Falls das Integral exakt auswertbar ist, vergleiche man die Ergebnisse.

a) $\int\limits_0^1 \frac{dx}{1 + x^2}$, $n = 10$, b) $\int\limits_0^1 \frac{dx}{1 + x^4}$, $n = 4$,

c) $\int_0^1 \sqrt{1-x^2}$, $n = 10$, d) $\int_1^2 \frac{\ln x}{x^2 - 2x + 2}\,dx$, $n = 6$.

12.30. Der Inhalt der Fläche, die von den Kurven $y = e^{-x^2}$ und $x = 0$, $x = 1$ über $[0, 1]$ begrenzt wird, ist nach

α) der Trapezregel; β) der Simpsonschen Regel

($n = 10$, Rechnung mit 5 Dezimalen) zu berechnen (vergleichen Sie mit dem auf sechs Stellen exakten Wert 0,746 824).

12.31. Benutzen Sie die Simpsonsche Regel, um näherungsweise die Bogenlänge von

a) $y = x^2$, $0 \leqq x \leqq 1$, $n = 4$, b) $y = \sin x$, $0 \leqq x \leqq \frac{\pi}{2}$, $n = 6$,

zu berechnen (Rechnung mit 6 Dezimalstellen).
Bestimmen Sie, falls möglich, die Bogenlänge exakt und vergleichen Sie die Werte.

12.32.* Welchen Wert liefert die Simpsonsche Regel für $\int_0^{4/5} \sqrt{1-x^4}\,dx$, wenn $n = 8$ gewählt wird? (Rechnung mit 6 Dezimalstellen.) Schätzen Sie den Fehler $|R|$ ab (Bd. 2, Abschnitt 10.3.).

13. Uneigentliche Integrale

13.1. Man untersuche, welche der uneigentlichen Integrale existieren und bestimme deren Wert:

a) $\int_1^\infty \frac{dx}{\sqrt{x^3}}$, b) $\int_0^\infty \frac{x}{(1+x^2)^2}\,dx$, c) $\int_0^\infty 2x e^{-2x}\,dx$,

d) $\int_e^\infty \frac{dx}{x \ln x^4}$, e) $\int_0^2 \frac{dx}{x^2}$, f) $\int_{\frac{1}{2}}^1 \frac{dx}{\sqrt{1-x^2}}$,

g) $\int_0^1 \frac{t}{\sqrt{1-t}}\,dt$, h) $\int_9^\infty \frac{e^{-\sqrt{x}}}{\sqrt{x}}\,dx$, i) $\int_{-1}^1 \frac{1-\sqrt{1-x^2}}{\sqrt{1-x^2}}\,dx$,

j) $\int_0^1 \ln x\,dx$, k) $\int_0^\infty \sin x\,dx$, l) $\int_{-\infty}^{+\infty} \frac{\sqrt{3}\,dt}{t^2+t+1}$,

m) $\int_{-\infty}^{\pi/2} e^x \sin 2x\,dx$, n) $\int_0^4 \frac{6\,dx}{\sinh 2x}$, o) $\int_1^0 \ln \frac{t}{\sqrt{t^2+1}}\,dt$,

p) $\int_1^\infty \frac{ds}{\sqrt{s} + s\sqrt{s}}$, q) $\int_0^1 \frac{\arcsin x}{\sqrt{1-x^2}}\,dx$, r) $\int_{-\infty}^{+\infty} \frac{a^4}{\sqrt{(a^2+u^2)^3}}\,du$ $(a > 0)$,

s) $\int\limits_0^\infty \frac{dx}{(x+1)\sqrt{x}}$, t) $\int\limits_0^{\ln 4} \left(\frac{e^x}{\sqrt{4e^x - e^{2x}}} + \frac{e^x}{\sqrt{12 - 3e^x}}\right) dx$,

u) $\int\limits_2^\infty \frac{dx}{x^3 - x}$, v)* $J_n = \int\limits_0^\infty \frac{dt}{(t^2+1)^n}$ $(n \geqq 2)$ (Aufgabe 11.4.e) beachten!),

w)* $\int\limits_a^b \frac{dt}{\sqrt{(t-a)(b-t)}}$, $a \neq b$.

13.2. Falls sie existieren, ermittle man den Wert der uneigentlichen Integrale in Abhängigkeit vom reellen Parameter t:

a) $\int\limits_0^1 \frac{1}{x^t}\, dt$, b) $\int\limits_a^\infty \frac{dx}{x \cdot \ln^t x}$ $(a > 1)$.

13.3. Für $x > 0$ ist die Gammafunktion durch $\Gamma(x) = \int\limits_0^\infty e^{-t} \cdot t^{x-1}\, dt$ erklärt. Man berechne $\Gamma(1)$, $\Gamma(2)$ und stelle $\Gamma(n)$ mit Hilfe von $\Gamma(n-1)$ dar, $n = 3, 4, \ldots$ Welcher Zusammenhang besteht zwischen $\Gamma(n)$ und n?

13.4. Betrachtet wird das uneigentliche Integral $J_n = \int\limits_0^\infty x^{2n+1} \cdot e^{-x^2}\, dx$, $n = 0, 1, 2, \ldots$ Berechnen Sie zuerst J_0, J_1, und geben Sie dann eine Rekursionsformel für J_n an. Welchen Wert erhält man daraus für J_n?

13.5. Ermitteln Sie, bei Existenz, α) den Wert des uneigentlichen Integrals bzw. β) den Cauchyschen Hauptwert des uneigentlichen Integrals!

a) $\int\limits_0^3 \frac{dx}{x-2}$, b) $\int\limits_0^3 \frac{dx}{(x-2)^2}$, c) $\int\limits_0^3 \frac{dx}{\sqrt{|x-2|}}$,

d) $\int\limits_{-\infty}^{+\infty} \frac{x+1}{x^2+4}\, dx$, e)* $\int\limits_0^{+\infty} \frac{dx}{x^2 - 3x + 2}$, f) $\int\limits_{1/2}^2 \frac{dx}{x \ln x}$,

g) $\int\limits_0^\infty f(x)\, dx$ mit $f(x) = \begin{cases} \frac{1}{\sqrt{x}} & \text{für } 0 < x < 1, \\ \frac{1}{x^2} & \text{für } x \geqq 1, \end{cases}$ h)* $\int\limits_{-\infty}^{+\infty} \frac{x}{x^2 + 6x + 25}\, dx$.

13.6. Untersuchen Sie das Konvergenzverhalten der folgenden uneigentlichen Integrale:

a) $\int\limits_2^{+\infty} \frac{dx}{\sqrt{x}\sqrt{x^2+2}}$, b) $\int\limits_1^{+\infty} \frac{dx}{x^2(e^x+1)}$, c) $\int\limits_0^{+\infty} e^{-x^2}\, dx$, d) $\int\limits_1^{+\infty} \frac{\arctan 2x}{x^p}\, dx$, ($p$ reell),

e) $\int\limits_0^{+\infty} \frac{x^2}{x^3+x+1}\, dx$, f) $\int\limits_2^{+\infty} \frac{x^2}{x^4 - x^2 + 2}\, dx$, g) $\int\limits_1^{+\infty} \frac{x^p}{1+x^2}\, dx$, ($p$ reell).

14. Unendliche Reihen mit konstanten Gliedern

14.1. Ist für die folgenden Reihen $\sum a_k$ (k läuft von m bis ∞) die notwendige Bedingung für Konvergenz erfüllt, falls a_k gleich ist

a) $[k(k+1)]^{-1}$, b) $\ln[k/(k+2)]$, c) e^k, d) $k\,e^{-k}$, e) $k^{1/2}-(k-1)^{1/2}$?

14.2. Wie groß muß n mindestens gewählt werden, damit sich die Teilsummen $s_n = \sum a_k$ ($k = 1, \ldots, n$) folgender Reihen von ihren Grenzwerten $s = \sum a_k$ ($k = 1, 2, \ldots$) um weniger als 10^{-4} unterscheiden, falls a_k gleich ist

a) $(2k+1)k^{-2}(k+1)^{-2}$, b) $[(2k-1)(2k+1)]^{-1}$?

14.3. Man untersuche das Konvergenzverhalten der Reihe $\sum a_k$, bei der a_k von einer Stelle an jeweils den folgenden Wert hat:

a) $(k+1)2^{-k}$, b) $(1/2)4^k(k+1)!k^{-k}$, c) $3k[4+(1/k)]^{-k}$,
d) $(k^2+4k)^{-1/2}$, e) $[(1/2)+384k^{-1}]^k$, f) $[(k+200)/(2k+7)]^k$,
g) $k^2[2+(1/2)\cos(kx)]^{-k}$, h) $k\exp(-k^2)$,
i) $k^{-1}\{\sin(k\pi/2)+\sin(1/k)\}$, j) $k^{-3/2}\{k\cos(k\pi)+1\}$,
k) e^{-a} mit $a=(k^2-1)/(k^2+1)$, l) $\{k\sin(1/2k)\}^k$,
m) $(18/k!)(2k)^k$, n) $3^{-k}\{(k+1)/k\}^a$ mit $a=k^2$,
o) $3^k(k!)^{-2}$, p) $(-1)^k(k/(k+1))$,
q) $(-1)^k(4k+1)^{-1/2}$, r) $(-1)^k\{k-\ln k\}^{-1}$,
s) $(-1)^k k(k+2)^{-2}$, t)* $(-1)^k\{3k+6(-1)^k\}^{-1}$,
u)* $(-1)^k\{k+\cos(k\pi)\}^{-1}$, v)* $(-1)^k\{k+(-1)^k k^{1/2}\}^{-1}$,
w)* $(-1)^k\{3k+(-1)^k k\}^{-1}$, x) $(\ln k)^{-1}\sin(k\pi/2)$.

14.4. Es sei $\lim(|a_k|/|b_k|) = A$ für $k \to \infty$. Mittels Vergleichskriterien zeige man:

a) Die Reihen $\sum|a_k|$ und $\sum|b_k|$ sind beide entweder konvergent oder divergent, falls $A \neq 0$ und $A \neq \infty$ ist.
b) Ist $A = 0$, so folgt aus der Konvergenz von $\sum|b_k|$ die Konvergenz von $\sum|a_k|$.
c) Ist $A = \infty$, so folgt aus der Divergenz von $\sum|b_k|$ die Divergenz von $\sum|a_k|$.

14.5. Man untersuche das Konvergenzverhalten der Reihe $\sum a_k$, bei der a_k von einer Stelle k_0 an jeweils den nachfolgend angegebenen Wert hat. Man benutze Vergleichskriterien oder auch die Ergebnisse von 14.4. gegebenenfalls in Verbindung mit der Reihenentwicklung elementarer Funktionen:

a) $k^{1/2}-(k-1)^{1/2}$, b) $k^{-1}\{(k+1)^{1/2}-(k-1)^{1/2}\}$,
c) $\sin(\pi/2^k)$, d) $\{k(1+k^2)\}^{-1/2}$,
e) $\{2k+k\sin k\}^{-1}$, f) $\{3k+(-1)^k k\}^{-1}$,
g) $(k+7\sqrt{k})/(k^2+(-1)^k k)$, h) $(k+7k^{1/2})/(k^3-k)$,
i) $k\sin(k^{-3})$, j) $1-\cos(\pi/k)$,
k) $1-\cos(k^{-3/2})$.

14.6. Man untersuche mit Hilfe der Ergebnisse von 14.4. das Konvergenzverhalten von $\sum a_k$, bei der a_k von einer Stelle k_0 an jeweils den folgenden Wert hat:

a) $(4k^2 - 10^7 k)^{-1}$, b) $(a + bk)^{-1}$, $(b \neq 0)$,
c) $3^{-k} \cot(2^{-k})$, d) $\ln(1 + (a/k))$,
e) $(a + kb)^{-2}$, $(b \neq 0)$,
f) $q^k (1 + q^k)^{-2}$, $q > 0$ (Fallunterscheidung für q),
g) $\{1 - \cos(1/k)\} \{\sin(1/k)\}^{-1/2}$,
h) $\{k^2 + 100 k^{1/2}\} \{(k^7)^{1/2} - (k^5)^{1/2}\}^{-1}$,
i) $\{k + 100\}^4 \{(k/200) + 1\}^{-7}$, j) $\{k + k^{-1} \sin(k^3)\}^{-1/2}$.

14.7. Benutzen Sie ihre Kenntnisse über die unendliche geometrische Reihe und prüfen Sie, für welche x die folgenden Gleichungen gelten:

a) $\sum_{k=0}^{\infty} x^k = \sum_{k=0}^{\infty} (1/2)^{k+1} (x + 1)^k$, b) $-\sum_{k=1}^{\infty} (1/x)^k = \sum_{k=0}^{\infty} (1/2)^{k+1} (x + 1)^k$,

c) $\sum_{k=0}^{\infty} x^k = -\sum_{k=1}^{\infty} (1/x)^k$.

14.8. Man bestimme alle x-Werte, für die folgende Reihen konvergieren:

a) $\sum \{(2x - \pi)^k / (k(k + 1))\}$, b) $\sum (1/4) k^{-5} \exp(-kx)$, c) $\sum k^{-3/2} \cos(k^2 x)$.

15. Potenzreihen

15.1. Man bestimme jeweils die Entwicklungsstelle x_0 (den Mittelpunkt x_0) des Konvergenzintervalles und den Konvergenzradius r der folgenden Potenzreihe $\sum c_k (x - x_0)^k$ $(k = k_0, k_0 + 1, \ldots; k_0 \geqq 0)$:

a) $\sum k (3x)^k$, b) $\sum (k 3^k)^{-1} (2x - 1)^{3k+2}$,
c) $\sum (1/3!) k^k \{(x/2) - 1\}^k$, d) $\sum (k^2/k!) x^{5k}$,
e) $\sum \{x \sin(1/k)\}^k$, f)* $\sum \{1 + (1/k)\}^m (ex + \pi)^k$ mit $m = k^2$,
g) $\sum q^m x^k$ mit $m = k^2$ und $0 < q < 1$,
h) $\sum q^k x^m$ mit $m = k^2$ und $0 < q < 1$,
i)* $\sum (-1)^k \binom{3k}{k} \{2^{-1/3} (3x - 1)\}^{2k+87}$,
j)* $\sum (k + 2)! \, k! \, (k + 1)^{-(k+1)} \{\pi^{1/2} x - \pi\}^{3k+24}$.

15.2. Man bestimme für folgende Potenzreihen das Konvergenzintervall einschließlich des Konvergenzverhaltens in seinen Randpunkten:

a) $\sum (-1)^{k+1} 2 k^{-2/5} x^k$, b) $\sum (2^k/(2k + 1)) (k + 1)^{1/2} x^{k-1}$,
c) $\sum \{2^k (2k - 1)\}^{-1} (x - 1)^k$, d) $\sum (k + 3)^{-1} (2x + 1)^k$.

15.3. Unter Benutzung des Konvergenzintervalles von Potenzreihen gebe man in den folgenden Reihen einerseits möglichst viele x-Werte an, wo Konvergenz gesichert ist, und andererseits möglichst viele x-Werte mit gesicherter Divergenz:

a) $\sum c_k(x+5)^k$ für $x=0$ divergent, für $x=-7$ absolut konvergent,

b) $\sum c_k(x+5)^k$ für $x=0$ divergent, für $x=-7$ konvergent, jedoch nicht absolut konvergent,

c) $\sum c_k(2x-1)^k$ für $x=1$ konvergent, jedoch nicht absolut konvergent,

d) $\sum c_k(x+\pi)^{3k-17}$, wobei $\sum c_k$ absolut konvergent.

15.4. Mittels geeigneter Differentiationen von $\sum_{k=0}^{\infty} x^k$ ermittle man die Summe der folgenden Reihen:

a) $\sum_{k=1}^{\infty} kx^k$, b) $\sum_{k=1}^{\infty} k^2x^k$, c) $\sum_{k=1}^{\infty} k^3x^k$.

15.5. In $\sum_{k=1}^{\infty} (x^k/k^2) = \int_a^x R(\tilde{x}) \ln(1-\tilde{x})\, \mathrm{d}\tilde{x} \, (|x|<1)$ sind a und $R(x)$ zu bestimmen.

15.6. Man entwickle folgende Funktionen nach Potenzen von $(x-x_0)$ und bestimme das zugehörige Konvergenzintervall:

a) $\sin(3x)$, $x_0=-\pi/3$, b) $(x^3)^{1/2}$, $x_0=1$.

15.7. Gesucht ist die Potenzreihenentwicklung an der Stelle $x=x_0=0$ von:

a) $(1-x)\sum_{k=0}^{\infty} c_k x^k$, b) $(1-x)^{-1}\sum_{k=0}^{\infty} c_k x^k$.

15.8. Es sollen die Potenzreihenentwicklungen (Entwicklungsstelle $x=x_0=0$) bis zum Glied c_4x^4 von folgenden Funktionen bestimmt werden. Man benutze bekannte Potenzreihenentwicklungen elementarer Funktionen:

a) $(2x)/\ln(1+x)$, b) $(1+x)/(1+\cos(2x))$.

15.9. Vor Berechnung der folgenden Grenzwerte $\lim f(x)$ für $x \to x_0$ benutze man bekannte Taylorentwicklungen elementarer Funktionen und entwickle hiermit die Zähler und Nenner in den Ausdrücken $f(x)$ an der Stelle $x=x_0$ in Taylorreihen und wende dann die Rechengesetze für Potenzreihen an. Ist das absolute Glied einer Nennerpotenzreihe gleich null, hat sie also die Gestalt $\sum b_\nu(x-x_0)^\nu$ mit $\nu=k, k+1, \ldots$, wobei $k \geqq 1$ und $b_k \neq 0$ ist, so ist vor der Potenzreihendivision im Nenner die Potenz $(x-x_0)^k$ auszuklammern.

a) $\lim \{x^{-1}([a(a+x)]^{1/2}-a)\}$ für $x \to 0$ $(a>0)$,

b) $\lim \{(ax-\tan(ax))(bx-\tan(bx))^{-1}\}$ für $x \to 0$,

c) $\lim \{(\sin x - x)x^{-1}(\cos x - 1)^{-1}\}$ für $x \to 0$,

d) $\lim \{x^{-1}-(\sin x)^{-1}\}$ für $x \to 0$,

e) $\lim \{[\ln(1+x)]^{-1}-x^{-1}\}$ für $x \to 0$,

f) $\lim \{(\tan x - x)/(x-\sin x)\}$ für $x \to 0$,

g) $\lim \{(\ln x)^{-1}+(1-x)^{-1}\}$ für $x \to 1$.

15.10. a) In einer Umgebung von $x=0$ werde $\sin x$ näherungsweise durch $x(60-7x^2)(60+3x^2)^{-1}$ ersetzt. Der dabei gemachte Fehler $R(x)$ ist an der Stelle $x=0$ in eine Potenzreihe zu entwickeln, und es ist das erste von null verschiedene Glied zu berechnen.

b) Man behandle a) im Fall der Ersetzung von $\arcsin x$ durch $3x\{2+(1-x^2)^{1/2}\}^{-1}$.

15.11.* a) Man berechne $f(x)=\lim x^n$ $(0 \leqq x \leqq 1)$ für $n \to \infty$ und bestimme ein N derart, daß für alle $n > N$ die Ungleichung $|x^n - f(x)| < \varepsilon$ gilt. Man skizziere $N = N(\varepsilon, x)$ bei festem ε als Funktion von x $(0 \leqq x \leqq 1)$. Ist es möglich ein $N = N(\varepsilon)$ anzugeben, das von x unabhängig ist?

b) Ist wegen a) die Funktionsfolge $\{x^n\}$, $(0 \leqq x \leqq 1)$ gleichmäßig konvergent?

c) Wie lauten die Teilsummen $g_n(x)$ und die Grenzfunktion $g(x)$ der Funktionenreihe $1 + \sum (x^k - x^{k-1})$ $(0 \leqq x \leqq 1;\ k = 1, 2, \ldots)$. Liegt dort wegen a) gleichmäßige Konvergenz vor?

d) Bleibt in $g(x) = 1 + \sum (x^k - x^{k-1})$ $(k = 1, 2, \ldots)$ das Gleichheitszeichen erhalten, wenn man die linke Seite über x im Intervall $0 \leqq x \leqq 1$ integriert und rechts eine gliedweise Integration über dieses Intervall ausführt? Wie ist das Ergebnis mit dem Satz über gliedweise Integration von Funktionenreihen vereinbar?

e) Wie lauten die Teilsummen $h_n(x)$ und die Grenzfunktion $h(x)$ der Funktionenreihe $x + \sum \{(x^{k+1}/(k+1)) - (x^k/k)\}$ $(0 \leqq x \leqq 1,\ k = 1, 2, \ldots)$? Liegt dort gleichmäßige Konvergenz vor? Kann man bezüglich $0 \leqq x \leqq 1$ den Satz über gliedweise Differentiation von Funktionenreihen anwenden?

f) Bleibt in $h(x) = x + \sum \{(x^{k+1}/(k+1)) - (x^k/k)\}$ $(0 \leqq x \leqq 1,\ k = 1, 2, \ldots)$ das Gleichheitszeichen erhalten, wenn man links differenziert und rechts gliedweise differenziert?

15.12. Gegeben sind

α) die Verteilungsfunktion der standardisierten Normalverteilung

$$\Phi(x) = (1/2) + (2\pi)^{-1/2} \int_0^x \exp\{(-1/2)t^2\}\, \mathrm{d}t = 1 - (2\pi)^{-1/2} \int_x^\infty \exp\{(-1/2)t^2\}\, \mathrm{d}t;$$

β) der Integralsinus $\mathrm{Si}(x) = \int_0^x t^{-1} \sin t \, \mathrm{d}t = (\pi/2) - \int_x^\infty t^{-1} \sin t \, \mathrm{d}t.$

a) Man entwickele α) $\Phi(x)$; β) $\mathrm{Si}(x)$ an der Stelle $x=0$ in eine Potenzreihe (Konvergenzradius?), zeige, daß eine alternierende Reihe vorliegt und prüfe, ob von einem Index $k = k_0$ an die absoluten Beträge der Glieder eine monotone Nullfolge bilden.

b) Man berechne α) $\Phi(1)$, $\Phi(3)$; β) $\mathrm{Si}(1)$, $\mathrm{Si}(10)$, indem man die Summanden bis zum Glied $c_9 x^9$ der Reihe aus a) benutzt und eine Fehlerabschätzung, die im Zusammenhang mit dem Leibnizschen Konvergenzkriterium möglich ist, durchführt.

c) α)* Im Integral $\int_x^\infty (\ldots)\, \mathrm{d}t = \int u(t) v'(t)\, \mathrm{d}t$ mit $u(t) = -t^{-1}$, $v'(t) = -t \exp\{(-1/2)t^2\}$ der Darstellung von $\Phi(x)$ wende man zweimalige partielle Integration an, berechne $\Phi(3)$ durch Benutzen der ausintegrierten Bestandteile und verwende das verbleibende Integral für eine Fehlerabschätzung; β)* analog c) α) berechne man $\mathrm{Si}(10)$ durch viermalige partielle Integration.

15.13. Der Integrand $f(x)$ von $J = \int_2^\infty (x^3+1)^{-1/2}\,dx$ ist an der Stelle $x = \infty$ (d. h., es ist $g(t) = f(x)$ mit $x = t^{-1}$ an der Stelle $t = 0$) in eine Reihe der Gestalt $x^\alpha \sum c_k(1/x)^k$ (k läuft von 0 bis ∞) zu entwickeln und J durch gliedweise Integration herzustellen. Bei der numerischen Auswertung berücksichtige man zwei Glieder und führe eine Fehlerabschätzung durch, die im Zusammenhang mit dem Leibnizschen Konvergenzkriterium möglich ist.

16. Fourierreihen und Fourierintegrale

16.1. Die Funktion f heißt bezüglich $x = x_g$ gerade [bzw. bezüglich $x = x_u$ ungerade], falls $f(x_g + (x - x_g)) = f(x_g - (x - x_g))$ [bzw. $f(x_u + (x - x_u)) = -f(x_u - (x - x_u))$] gilt.

a) Man erläutere diese Eigenschaften in einem kartesischen (x, y)-System durch Spiegelung der Kurve von f an der Geraden $x = x_g$ [bzw. am Punkt $(x_u; 0)$].
b) Man zeige: Eine periodische Funktion mit der Periode T ist genau dann bezüglich $x = T/2$ gerade [bzw. ungerade], wenn sie bezüglich $x = 0$ gerade [bzw. ungerade] ist.
c) Man ermittle von den Funktionen $\cos(2\pi kx/T)$, $\sin(2\pi kx/T)$ $(k = 1, 2, \ldots)$ jeweils die kleinste Periode und lese aus einer Skizze für diese Funktionen jeweils die Stellen $x = x_g$ und $x = x_u$ entsprechend a) ab.
d) Welche der Funktionen $\cos(2\pi kx/T)$, $\sin(2\pi kx/T)$ $(k = 1, 2, \ldots)$ sind an der Stelle $x = T/4$ gerade, welche ungerade?
e) Welche Fourierkoeffizienten der Fourierentwicklung $f(x) = (a_0/2) + \sum (a_k \cos(2\pi kx/T) + b_k \sin(2\pi kx/T))$ (der Summationsbuchstabe k läuft von 1 bis ∞) sind gewiß gleich null, falls f gerade [bzw. ungerade] bezüglich $x = 0$ – und damit bezüglich $x = T/2$ – ist?
f) Welche Fourierkoeffizienten aus e) sind gewiß gleich null, falls f gerade [bzw. ungerade] sowohl bezüglich $x = 0$ als auch bezüglich $x = T/4$ ist?
g) Welche Fourierkoeffizienten aus e) sind gewiß gleich null, falls f einerseits ungerade [bzw. gerade] bezüglich $x = 0$ und andererseits gerade [bzw. ungerade] bezüglich $x = T/4$ ist?

16.2. Die folgenden periodischen Funktionen f, die die Periode T besitzen, sind in Fourier-Reihen $f(x) = (a_0/2) + \sum (a_k \cos(2\pi kx/T) + b_k \sin(2\pi kx/T))$, $(k = 1, 2, \ldots)$ zu entwickeln. An denjenigen Stellen x, wo die Angabe von $f(x)$ im Intervall der Länge T fehlt, ist f so zu definieren, daß auch dort die Reihe die Funktion f darstellt. Durch Benutzen der Ergebnisse von 16.1.e), f), g) kann der Rechenaufwand verringert werden.

a) $f(x)(-T/2 < x < T/2)$, wobei f gerade bezüglich $x = 0$ ist und die Kurve von f für $0 < x < a$ auf der Geraden durch die Punkte $(0; h)$ und $(a; 0)$ liegt und für $a < x < T/2$ auf der x-Achse verläuft; speziell $a \to T/2$ und $x = 0$,
b) $f(x) = |\sin(2\pi x/T)|$ $(0 < x < T)$; speziell $x = 0$,
c) $f(x)$ $(0 < |x| < T/2)$ mit $f(-x) = -f(x)$ und $f(x) = x((T/2) - x)$ für $0 < x < T/2$; speziell: $x = T/4$,
d)* $f(x)$ $(0 < |x| < T/2)$, wobei f ungerade bezüglich $x = 0$, gerade bezüglich $x = T/4$ ist und $f(x) = (h/a)x$ für $0 < x < a$ und $f(x) = h$ für $a < x < T/4$ gilt; speziell: $a \to +0$,
e) $f(x) = 0$ für $-\pi < x < 0$, $f(x) = x$ für $0 < x < \pi$, $f(x + 2n\pi) = f(x)$, $n = \pm 1, \pm 2, \ldots$; speziell: $x = \pi/2$,

f) f besitzt die Periode 4, ist eine ungerade Funktion, und die Kurve $y = f(x)$ enthält den Streckenzug vom Punkt (0; 1) über (1; 1) nach (2; 0),

g) $f(x) = Ax^2 + Bx + C$, $|x| < \pi$, $f(x + 2n\pi) = f(x)$, $n = \pm 1, \pm 2, \ldots$,

h) $f(x)$ besitzt die Periode 2π, $f(-x) = -f(x)$, $f(x) = \cos x$ für $0 < x < \pi$ (warum kann man auch das Ergebnis von b) im Fall $T = 2\pi$ benutzen, indem man dort differenziert?),

i) $f(x) = \cos(ax)$, $|x| < 2\pi$, $f(x + 4n\pi) = f(x)$, $n = \pm 1, \pm 2, \ldots$, $a \neq (m/2)$, $m = \pm 1, \pm 2, \ldots$; speziell: $x = 2\pi$, man setze in diesem Fall $2\pi a = z$ und folgere die „Partialbruchzerlegung von $\cot z$",

j) $f(x) = \cosh(ax)$, $|x| < \pi$, $f(x + 2n\pi) = f(x)$, $n = \pm 1, \pm 2, \ldots$, speziell $x = \pi$, man setze in diesem Fall $\pi a = z$ und folgere die „Partialbruchzerlegung von $\coth z$",

k) $f(x)$ besitzt die Periode 2π, $f(x) - (1/2)$ ist eine ungerade Funktion, $f(x) = 1 + \sin^2 x$ für $0 < x < \pi$,

l) $f(x) = e^{ax}$, $(|x| < \pi)$, $f(x + 2n\pi) = f(x)$, $(n = \pm 1, \pm 2, \ldots)$,

m) $f(x)$ besitzt die Periode $2l$, $f(x)$ ist gerade bezüglich $x = 0$ und $x = l/2$, $f(x) = x^2$ für $0 < x < l/2$; speziell: $x = 0$,

n) $f(x) = x\cos(2x)$, $(|x| < 2\pi)$, $f(x + 4n\pi) = f(x)$, $(n = \pm 1, \pm 2, \ldots)$; speziell: $x = \pi$,

o) $f(x)$ besitzt die Periode 2π, $f(-x) = f(x)$, $f(x) = (\pi^2/8) - (\pi/4)x$ für $0 < x < \pi$,

p) $f(x)$ besitzt die Periode 2, $f(-x) = f(x)$, $f(x) = \pi^2(x^2 - x + (1/6))$ für $0 < x < 1$.

16.3. a) Durch gliedweise Integration des Ergebnisses von 16.2.o) bestimme man die Summenfunktion von $\sum (2m+1)^{-3} \sin\{(2m+1)x\}$, $(m = 0, 1, 2, \ldots)$.

b) Durch Integration des Ergebnisses aus a) bestimme man die Summenfunktion von $\sum (2m+1)^{-4} \cos\{(2m+1)x\}$ und prüfe das Resultat, indem man beide Seiten über $0 \leqq x \leqq \pi$ bestimmt integriert.

c) Man fahre gemäß a) und b) fort, indem man das Ergebnis aus b) zweimal integriert.

d) Gemäß a) bestimme man aus dem Ergebnis von 16.2.p) die Summenfunktion von $\sum k^{-3} \sin(2\pi kx)$, $(k = 1, 2, \ldots)$.

e) Analog b) bestimme man $\sum k^{-4} \cos(2\pi kx)$, $(k = 1, 2, \ldots)$ mittels d).

f) Man fahre gemäß d) und e) fort, indem man das Ergebnis aus e) zweimal integriert.

16.4. Die folgenden Funktionen f, die in jeweils einem Intervall (Länge T) angegeben werden, sind mit der Periode T periodisch fortzusetzen und in (komplexe) Fourierreihen $f(x) = \sum c_k \exp\{(2\pi i k/T)x\}$, $(k = 0, \pm 1, \pm 2, \ldots)$ zu entwickeln:

a) $f(x) = e^{2x}$, $(|x| < \pi)$,

b) $f(x) = \cosh x$, $(|x| < \pi)$,

c) $f(x) = 1$ für $-\pi < x < 0$, $f(x) = \cos x$ für $0 < x < \pi$,

d) $f(x) = x$, $(|x| < 1)$,

e) $f(x) = x^2$, $(|x| < \pi)$,

f) $f(x) = \sinh(\pi x/2)$, $(|x| < 2)$.

g) $x = t$, $f(t) = 0$ für $-T + (\tau/2) < t < -(\tau/2)$, $f(t) = A$ für $|t| < \tau/2$ ($f(t)$: Rechteckimpulsfolge, τ/T: Tastverhältnis). Man skizziere $f(t)$ und $|c_k|$. Welche Eigenschaft von f garantiert das Reellsein von c_k?

h) (Analog zu g)) $f(t)$ ist ungerade, $f(t) = A$ für $0 < t < \tau/2$, $f(t) = 0$ für $\tau/2 < t < T/2$. Kann man ohne Rechnung erkennen, daß c_k rein imaginär ist?

16.5. Die (exponentielle) Fouriertransformation und ihre Inverse werden durch das Formelpaar

$$F(\omega) = \int_{-\infty}^{+\infty} f(t) \exp(-\mathrm{i}\omega t)\,\mathrm{d}t, \quad f(t) = (2\pi)^{-1} \int_{-\infty}^{+\infty} F(\omega) \exp(\mathrm{i}\omega t)\,\mathrm{d}\omega$$

definiert. Man bestimme $F(\omega)$ bei gegebenen $f(t)$:

a) $f(t) = A$ für $a \leqq t \leqq b$, $f(t) = 0$ sonst, speziell $a = -\tau/2$, $b = \tau/2$,
b) $f(t) = t^n$ für $0 \leqq t \leqq a$, $f(t) = 0$ sonst, für die Fälle $n = 1, 2, 3$,
c) $f(t) = A$ für $0 < t < \tau/2$, $f(t) = 0$ für $\tau/2 < t < +\infty$, $f(-t) = -f(t)$,
d) $f(t) = 0$ für $-\infty < t < 0$, $f(t) = t$ für $0 < t < 1$, $f(t) = 2 - t$ für $1 < t < 2$, $f(t) = 0$ für $2 < t < +\infty$.

16.6. Die Fouriersche Kosinus- (bzw. Sinus-) Transformation und ihre Inverse werden durch das Formelpaar

$$F_c(\omega) = (2/\pi)^{1/2} \int_0^{\infty} f(t) \cos(\omega t)\,\mathrm{d}t, \quad f(t) = (2/\pi)^{1/2} \int_0^{\infty} F_c(\omega) \cos(\omega t)\,\mathrm{d}\omega$$

bzw.

$$F_s(\omega) = (2/\pi)^{1/2} \int_0^{\infty} f(t) \sin(\omega t)\,\mathrm{d}t, \quad f(t) = (2/\pi)^{1/2} \int_0^{\infty} F_s(\omega) \sin(\omega t)\,\mathrm{d}\omega$$

definiert.

a) Man zeige, daß die Funktion

$$F(x, y) = \int_0^{\infty} (A(t) + B(t)\,y)\,\mathrm{e}^{-yt} \cos(xt)\,\mathrm{d}t$$

der Bipotentialgleichung $\Delta(\Delta F) = 0$ $[\Delta = (\partial^2/\partial x^2) + (\partial^2/\partial y^2)]$ genügt.

b) $A(t)$ und $B(t)$ aus a) sind so zu bestimmen, daß mit $\sigma_x = \partial^2 F/\partial y^2$, $\sigma_y = \partial^2 F/\partial x^2$, $\tau_{xy} = \tau_{yx} = -\partial^2 F/\partial x \partial y$ gilt: $\sigma_y(x, 0) = p(x)/h$, $\tau_{xy}(x, 0) = 0$, wobei $p(x) = p_0 = \text{const}$ für $|x| \leqq c$, $p(x) = 0$ für $|x| > c$ ist.

c) Im Ergebnis von b) führe man den Grenzübergang $p_0 \to +\infty$, $c \to +0$ derart durch, daß stets $2p_0 c = P = \text{const}$ gilt.

d)* Im Fall c) berechne man $\sigma_x, \sigma_y, \tau_{xy}$ [$F(x, y)$: Airysche Spannungsfunktion; $\sigma_x, \sigma_y, \tau_{xy}, \tau_{yx}$: Koordinaten des Spannungstensors in einer Scheibe $|x| < \infty$, $0 \leqq y < +\infty$, $|z| \leqq h/2$ (h: „kleine“ Scheibendicke), die durch eine Einzel-Rand-Normalkraft $-P\mathbf{e}_y$ an der Stelle $(0, 0, 0)$ belastet wird].

e) Man führe a) bis d) für den Fall durch, daß in der Formel für $F(x, y)$ aus a) der Faktor $\cos(xt)$ durch $\sin(xt)$ ersetzt wird und in b) jetzt $\sigma_y(x, 0) = 0$, $\tau_{xy}(x, 0) = p(x)/h$ vorgeschrieben ist [jetzt liegt in d) eine Einzel-Rand-Schubkraft $-P\mathbf{e}_x$ vor].

Lösungen und Lösungshinweise

1.1: Keine Aussagen werden in b), d), f), h) dargestellt.

1.4: c) p: Zwei benachbarte Seiten des Parallelogramms D sind gleichlang, und ein Innenwinkel von D ist ein rechter Winkel.

1.7: c) $p \vee q$. d) $p \wedge \bar{q} \wedge \bar{r}$.

1.10: Für komplexe x und y sind a), c), f) falsche Aussagen.

2.3: a) $n \geqq 7$. b) $n \geqq 3$. d) $n = 1$, $n \geqq 5$. e) $n \geqq 3$. f) $n = 6$.

2.5: Man beachte, daß stets $y(x) \geqq 0$ gilt.

3.1: a) $x > 1$. b) $x < 4$. c) $x \leqq \frac{12}{11}$. d) $x > -2$. e) $\left[\frac{4}{7}; \frac{3}{2}\right)$. f) $x < 3 \wedge x \neq 2$.

g) $\left(-\infty; \frac{6}{5}\right] \cup \left(\frac{5}{2}; \infty\right)$. h) $x > \frac{2}{5}$.

3.2: a) $0 \leqq x \leqq 5$. b) $-3 < x < 2$. c) $x < \frac{2}{3} \vee x > \frac{3}{2}$. d) $(-3; -2) \cup \left(-\frac{1}{2}; \infty\right)$.

e) $x = 1 \vee x > 5$. f) $(-\infty; -1] \cup \left(-\frac{1}{2}; \frac{5}{4}\right]$.

g) $x \in R^1$, falls $a \neq 0$; $x \neq 0$, falls $a = 0$. h) $-4 < x < -2 \vee x > 10$.

3.3: a) $x = -\frac{1}{3} \vee x = 3$. b) $-2 < x < 10$. c) $x \leqq -5 \vee x \geqq 3$. d) $x = -3 \vee x = \frac{1}{3}$.

e) $x \in (-\infty; -7) \cup \left(-\frac{1}{3}; \infty\right)$. f) $x \in \left(\frac{12}{7}; \frac{5}{2}\right) \cup \left(\frac{5}{2}; \frac{18}{5}\right)$. g) $\emptyset$. h) $x > -\frac{1}{7}$.

i) $x \in \{-4, -2, 0, 2, 4\}$. j) $x = -3 \vee x = 0 \vee x \in [-2; -1]$. k) $-\frac{5}{2} < x < -\frac{3}{2}$.

3.4: a) $x < -\mathrm{e} - 4 \vee x > \mathrm{e} - 4$. b) Kein x erfüllt die Ungleichung.

c) $-\frac{\pi}{4} + k\pi < x < \frac{\pi}{4} + k\pi$, $k \in G$. d) $x \in (10^{-4}; 10^{2})$. e) $x \in \left(-\frac{3}{2}; -\frac{1}{2}\right) \cup \left(\frac{1}{2}; \frac{3}{2}\right)$.

f) $\frac{\pi}{12}(6k - 1) - \frac{3}{2} \leqq x \leqq \frac{\pi}{12}(6k + 1) - \frac{3}{2}$, $k \in G$. g) $-a \leqq x < \frac{1}{2}\left(1 + \sqrt{1 + 4a}\right)$.

3.5: a) Bild 3.1. b) $(x; y)$ mit $x \neq 1 \wedge y > -5$.

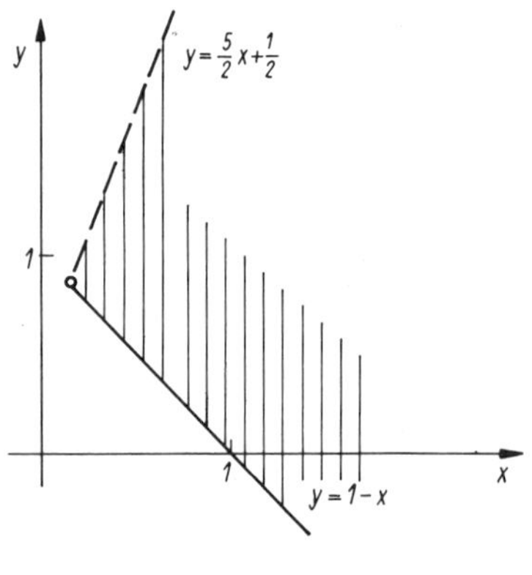

Bild 3.1

c) $(x; y)$ mit $y = \pm\frac{1}{x}$.

d) Bild 3.2.

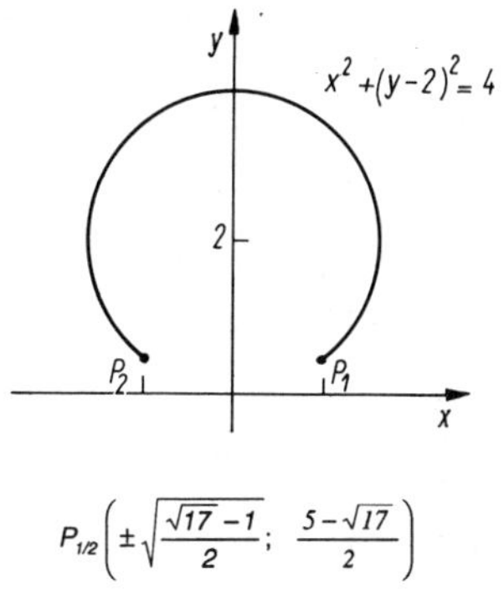

Bild 3.2

e) Bild 3.3.

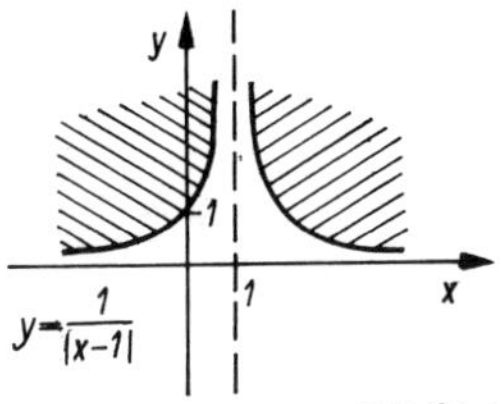

Bild 3.3

f) Bild 3.4.

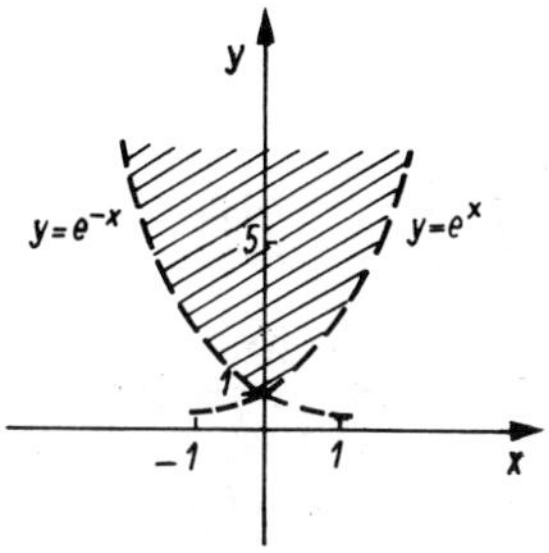

Bild 3.4

g) Bild 3.5.

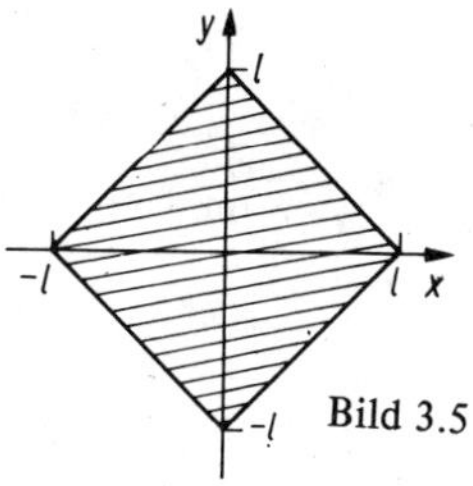

Bild 3.5

3.8: Für $a_1 = a_2 = \ldots = a_n$ ergibt sich eine Form der Bernoullischen Ungleichung.

3.9: b) $z_1 + z_2 = 5 - 2\mathrm{i}$; $z_1 - z_2 = -1 + 8\mathrm{i}$; $z_1 \cdot z_2 = 21 - \mathrm{i}$;

$$\frac{z_1}{z_2} = \frac{1}{34}(19\mathrm{i} - 9);\ \bar{z}_2 \cdot z_1 = -9 + 19\mathrm{i};\ \bar{z}_2 \cdot z_2 = 34.$$

3.10: a) $-z$. b) $\bar{z}$. c) $-\bar{z}$. d) $\mathrm{i}\bar{z}$. e) $-\mathrm{i}\bar{z}$.

3.11: Richtig: a), c), d) f); falsch: b), e).

3.12: a) $\frac{1}{2}-\frac{i}{2}$. b) $\frac{5}{2}-\frac{i}{2}$. c) -1. d) $\frac{3}{5}-\frac{6}{5}i$. e) $-72+i\sqrt{3}\cdot 72$.

f) -2^{18}. g) 1. h) $-2\sqrt{3}+2i$. i) $-\sqrt{3}-3i$.

3.13: a) $\sqrt{2}\,e^{i\frac{\pi}{4}}$. b) $2e^{i\frac{\pi}{6}}$. c) $e^{i\frac{2}{3}\pi}$. d) $e^{i\frac{\pi}{2}}$. e) $|z|=\sqrt{5}$, $\arg z\approx 243{,}4°$.

f) $|z|=\frac{2}{5}\sqrt{10}$, $\arg z\approx 71{,}6°$. g) $\sqrt{2}\,e^{i\frac{5}{4}\pi}$.

3.14: a) $8\left(\cos\frac{\pi}{2}+i\sin\frac{\pi}{2}\right)=8i$. b) -1.

c) $18{,}52\,(\cos 237{,}32°+\sin 237{,}32°)\approx -10-9\sqrt{3}\,i$. d) e^2.

e) $-128+128\sqrt{3}\,i$. f) $8\,(\cos 225°+i\sin 225°)=-4\sqrt{2}\,(1+i)$.

g) $e^4 i$. h) -27. i) $\frac{e^3}{2}(1+i\sqrt{3})$. j) $64\,(i-1)$.

3.15: a) $z_5=16e^{i\frac{5}{6}\pi}=-8\sqrt{3}+8i$. b) $z_6=\frac{2}{3}e^{i\frac{\pi}{2}}=\frac{2}{3}i$.

c) $z_7=\frac{1}{3}e^{i\frac{7}{12}\pi}\approx -0{,}086+i\cdot 0{,}322$. d) $z_8=2e^{i\frac{4}{3}\pi}=-1-i\sqrt{3}$.

3.16: a) $\mathrm{Re}(z)>0$. b) $\{(x,y)|0<y<|x|\}$.
c) Peripherie des Kreises um $z_0=3-4i$ mit $r=3$.
d) Peripherie und Äußeres des Kreises um $z_0=-2+i$ mit $r=2$.
e) Reelle Achse ohne Ursprung. f) $\mathrm{Re}(z)\leqq 0$.
g) Peripherie und Äußeres des Kreises um $z_0=\frac{5}{3}$ mit $r=\frac{4}{3}$.
h) Peripherie des Kreises um $z_0=1$ mit $r=1$, außer $z=0$.
i) Hyperbeln $x^2-y^2=c$ für $c\neq 0$, Geradenpaar $y=\pm x$ für $c=0$.
j) Parabel $y^2=1-2x$. k) $\{(x;y)|y>2x^2-1\}$.
l) Inneres und Peripherie der Ellipse $\frac{x^2}{9}+(y+1)^2=1$.
m) $z=0$ für $c=0$, Peripherie des Kreises um $z_0=0$ mit $r=\frac{1}{2}\sqrt{-c}$ für $c<0$, für $c>0$ von keinem Punkt erfüllt.

3.17: a) $w_0=3+2i$, $w_1=-w_0$. b) $w_0=\frac{1}{\sqrt{2}}(5-3i)$, $w_1=-w_0$.

c) $w_0=1+i$, $w_1\approx -1{,}366+i\cdot 0{,}366$, $w_2=0{,}366-i\cdot 1{,}366$.

d) $w_0=\frac{1}{2}(\sqrt{3}+i)$, $w_1=-\overline{w}_0$, $w_2=-i$.

e) $w_0=\sqrt{3}+i$, $w_1=-w_0$, $w_2=-1+i\sqrt{3}$, $w_3=-w_2$.

f) $w_k\approx 1.567\,e^{i\left(\frac{58°+k\cdot 360°}{5}\right)}$, $k=0,1,\dots,4$.

3.18: a) $z_k=e^{ik\frac{\pi}{3}}$, $k=0,1,\dots,5$. b) $z_k=e^{i\left(\frac{\pi}{4}+k\frac{\pi}{2}\right)}$, $k=0,1,2,3$.

c) $z_k = 2e^{i\left(\frac{\pi}{6} + k\frac{2\pi}{3}\right)}$, $k = 0, 1, 2$. d) $z_k = e^{i\left(\frac{\pi}{6} + k\frac{\pi}{2}\right)}$, $k = 0, 1, 2, 3$.

e) $z_k \approx 1{,}62e^{i\left(\frac{2{,}678 + 2k\pi}{5}\right)}$, $k = 0, 1, \ldots, 4$.

f) $z = 0 \vee z = 1 - i$. g) $z_k = 3i + 2e^{i\left(\frac{\pi}{6} + k\frac{\pi}{3}\right)}$, $k = 0, 1, \ldots, 5$.

h) $z = 0 \vee |z| = 1$ (Peripherie des Kreises um $z_0 = 0$ mit $r = 1$).

i) $z = 4i \vee z = -2i$. j) $z = 1 \vee z = -i$.

3.19: Ellipsen: $\dfrac{x^2}{\left(a + \dfrac{1}{a}\right)^2} + \dfrac{y^2}{\left(a - \dfrac{1}{a}\right)^2} = 1$.

3.20: Lemniskate: $z(\varphi) = \sqrt{2\cos 2\varphi}\, e^{i\varphi}$, $\varphi \in \left[-\dfrac{\pi}{4}, \dfrac{\pi}{4}\right] \cup \left[\dfrac{3\pi}{4}, \dfrac{5\pi}{4}\right]$.

4.1: 720. **4.2:** 48. **4.3:** a) 60. b) 125.

4.4: 59 neue Wörter. **4.5:** 13 860. **4.6:** 246 820.

4.7: a) 1260. b) 560. **4.8:** a) 53 130. b) 7 980. c) 44 289. d) 32 781.

4.9: a) 495. b) 369. c) 117. **4.10:** 231.

4.11: a) $14!5! = 10\,461\,394\,944\,000$. b) $(6!2!4!5!)5! = 497\,664\,000$.

4.12: 512. **4.13:** a) 256. b) 28. **4.14:** a) 56. b) 336.

4.15: 59 049. **4.16:** 2^n. **4.17:** 54.

4.18: a) 10 000. b) 6 760 000. c) 17 576 000.

4.19: a) $N_k = \binom{N-M}{n-k}\binom{M}{k}$. b) $M_1 = \binom{N}{n} - \binom{N-M}{n}$.

c) $N_0 = 64\,446\,024$, $N_1 = 10\,394\,520$, $N_2 = 442\,320$, $N_3 = 4\,656$, $N_4 = N_5 = 0$, $M_1 = 10\,841\,496$.

4.20: a) 1 625 702 400. b) ≈ 52 Jahre. c) $\approx 1{,}7846\ldots \cdot 10^{14}$. d) $\approx 9{,}109 \cdot 10^{-6}$.

5.1: a) $A \cap B = \emptyset$, $\bar{A} = \{i | i = 2(2)14\}$, $\bar{B} \cap C = \{2, 3, 5, 13\}$.

b) $C \setminus A = \{2; 12\}$, $(M \setminus \bar{C}) \cap C = C$, $B \setminus \overline{(A \cup C)} = \{12\}$.

5.2: a) $[-7; \infty)$. b) $(-1; 5)$. c) $(-1; \infty)$. d) $\{5\}$. e) $[-7; 0)$. f) $\emptyset$.

g) $[-7; -1]$. h) R^1. i) $(-1; 5) \cup (5; \infty)$.

5.3: a) $A \cap B = A = (-1; 3)$, $A \cap C = (-1; 1)$, $B \cap C = C = (-8; 1)$,
$A \cup B = B = (-8; \infty)$, $A \cup C = (-8; 3)$, $B \cup C = B$,
$\bar{A} = (-\infty, -1] \cup [3, \infty)$, $\bar{B} = (-\infty, -8]$, $\bar{A} \cup \bar{C} = (-\infty; -1] \cup [1, \infty)$,
$\bar{A} \cap \bar{C} = (-\infty; -8] \cup [3; \infty)$.

b) $A \setminus B = \emptyset$, $B \setminus A = (-8; -1] \cup [3; \infty)$, $B \setminus C = [1; \infty)$,
$C \setminus B = \emptyset$, $A \setminus C = [1; 3)$, $C \setminus A = (-8; -1]$.

5.5: a) $\overline{A \cap B}$. b) $A \cap \bar{B}$. c) $A \cap B$. d) $(\bar{A} \cup B) \cap (\bar{B} \cup A)$. e) $(A \cap \bar{B}) \cup (B \cap \bar{A})$.

5.6: Wahre Aussagen: b), d), f), g), h), i),

falsche Aussagen: a), c), e).

5.7: Wahr sind: a), b), e), f), h), falsch sind: c), d), g).

5.8: a) $A \cap B$. b) $\emptyset$. c) $\overline{A \cup B}$. d) $A \cup B$. e) $A \cup B$. f) $A \cap B \cap C$.
g) $A \cap \overline{B} \cap \overline{C}$.

5.9: a) $P(A_3) = \{\emptyset, \{1\}, \{2\}, \{3\}, \{1, 2\}, \{1, 3\}, \{2, 3\}, A_3\}$.
b) 2^n Elemente.
c) $P[P(\emptyset)] = \{\emptyset, \{\emptyset\}\}$, $P[P(A_1)] = \{\emptyset, \{\emptyset\}, \{\{1\}\}, \{\emptyset, \{1\}\}\}$.

5.10: a) Bild 5.1. b) Bild 5.2.

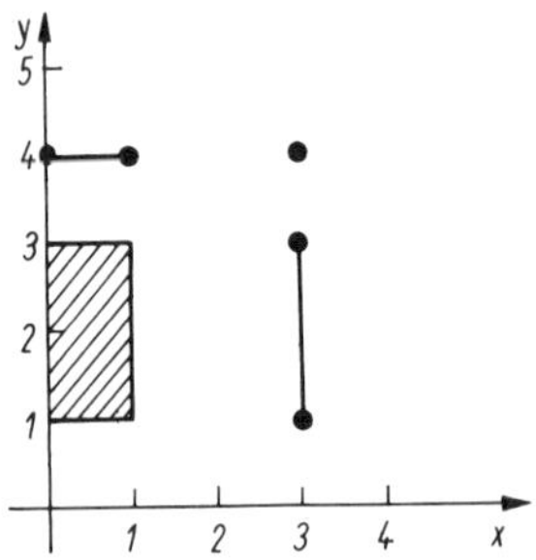

Bild 5.1

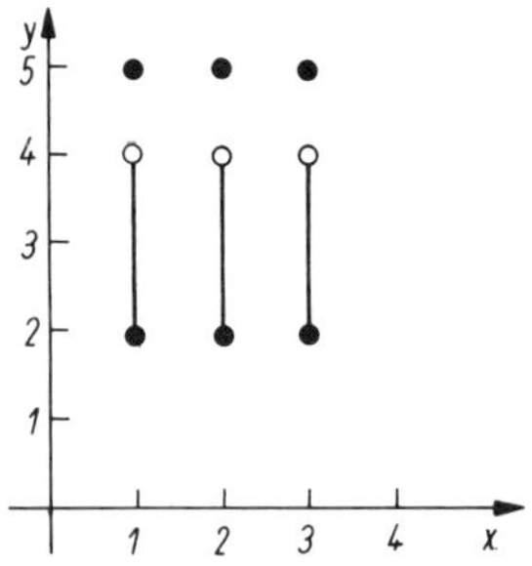

Bild 5.2

c) Bild 5.3. d) Ja.

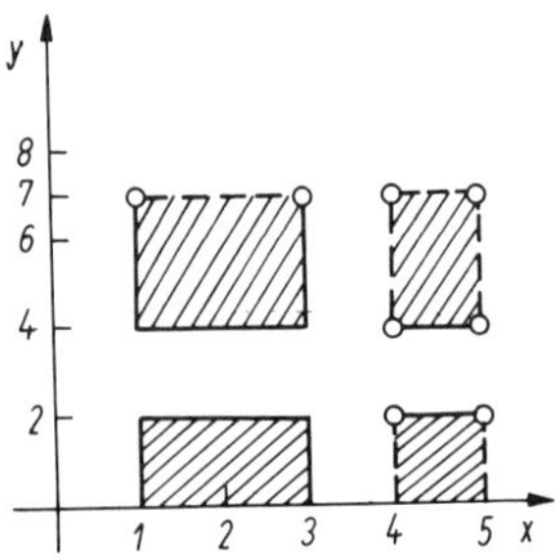

Bild 5.3

5.11: a) $\left(-\infty; -\frac{3}{2}\right] \cup \left[-1, \frac{1}{2}\right) \cup (1, \infty)$.

b) Bild 5.4. c) Bild 5.5.

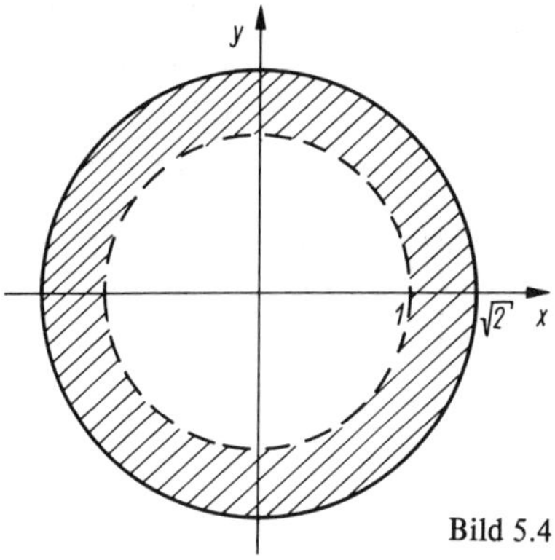

Bild 5.4

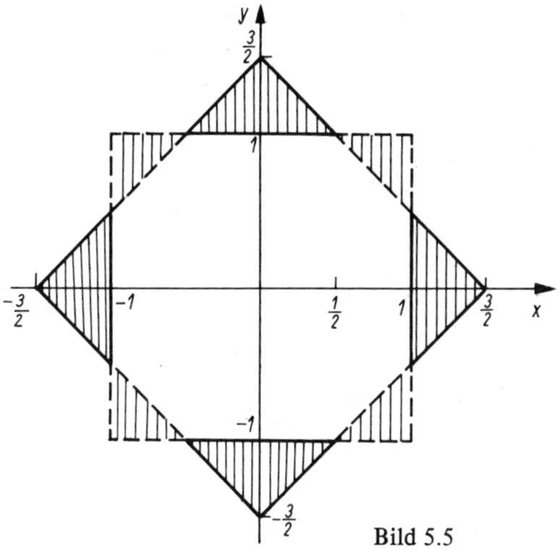

Bild 5.5

e) $$A_n \Delta A_m = \begin{cases} \{n+1,\ n+2,\ \ldots,\ m\} & \text{für } n < m, \\ \emptyset & \text{für } n = m, \\ \{m+1,\ m+2,\ \ldots,\ n\} & \text{für } n > m. \end{cases}$$

6.1: a) Ja. b) Nein. c) Nein. d) Ja. e) Nein. f) Nein. g) Ja.

6.2: a) $y = \begin{cases} 2x & \text{für } x \geqq 0, \\ 0 & \text{für } x < 0. \end{cases}$ b) $y = \begin{cases} -2 + x + 3x^2 & \text{für } x \geqq 2, \\ 2 - x + 3x^2 & \text{für } x < 2. \end{cases}$

c) Bild 6.1. d) Bild 6.2.

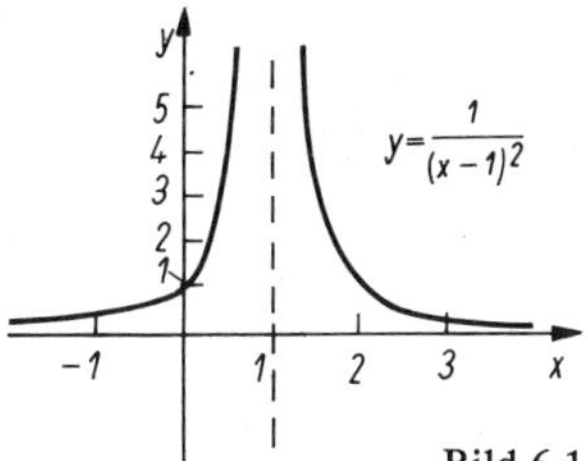

Bild 6.1

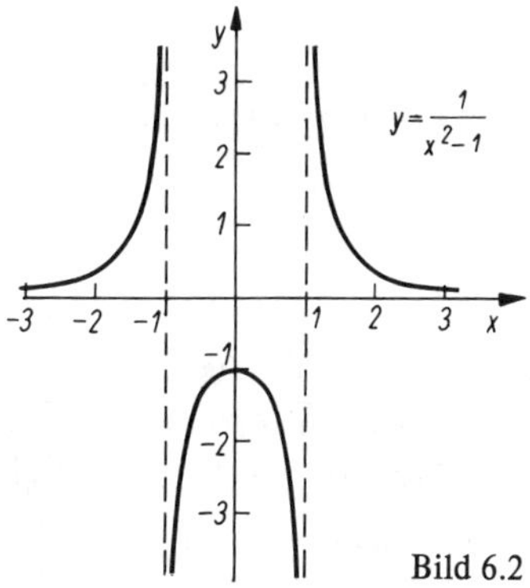

Bild 6.2

e) Bild 6.3.

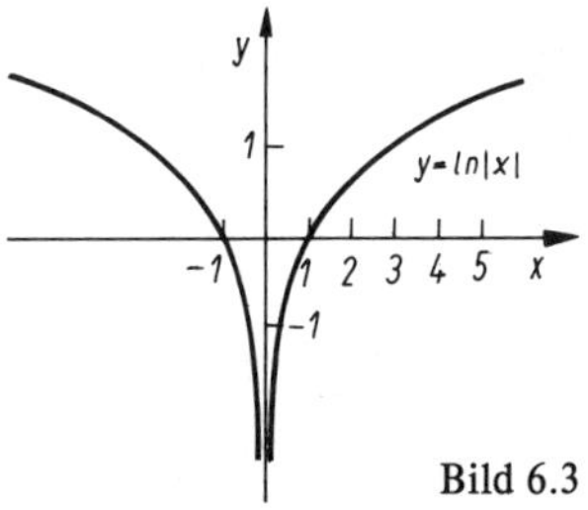

Bild 6.3

f) Bild 6.4.

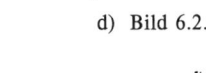

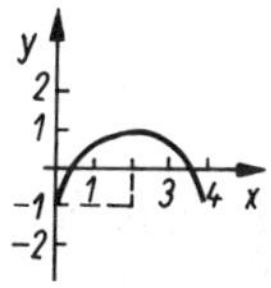

Bild 6.4

g) Periodische Funktion mit Grundperiode 2π, 4π bzw. 6π.

h) Periodische Funktion mit Grundperiode 2π, π bzw. $\frac{2}{3}\pi$.

j) $y = \begin{cases} x^2 + x & \text{für } x \geqq 0, \\ -x^2 - x & \text{für } x < 0. \end{cases}$

k) Bild 6.5.

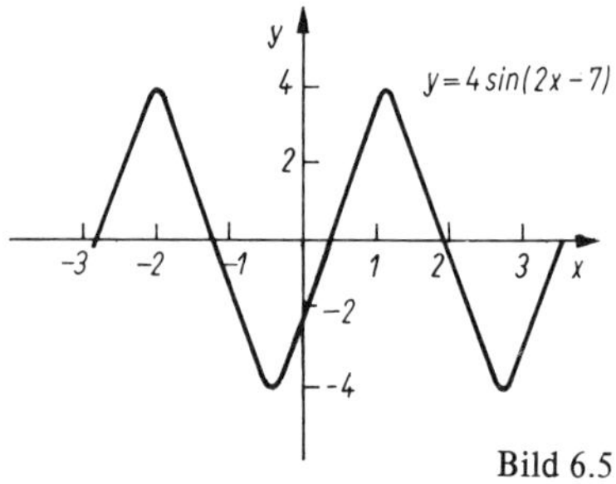

Bild 6.5

l) Bild 6.6.

n) Bild 6.7.

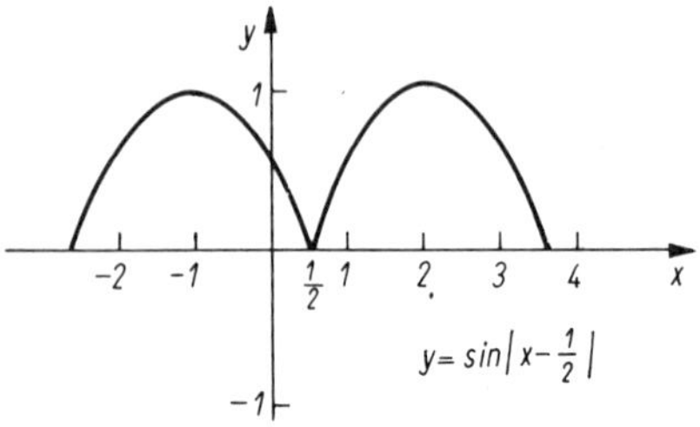

Bild 6.6

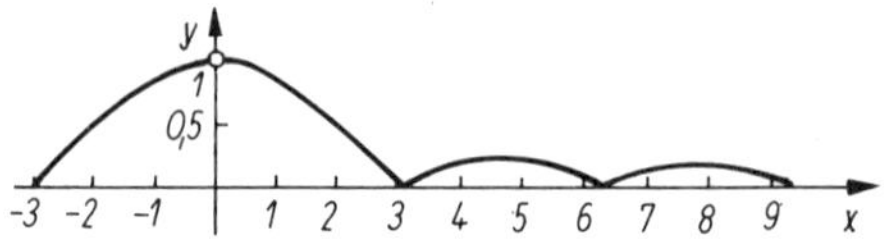

Bild 6.7

6.3: $a = \sqrt{a_1^2 + a_2^2 + 2a_1a_2\cos(\varphi_1 - \varphi_2)}\,,\ \varphi = \arctan\dfrac{a_1\sin\varphi_1 + a_2\sin\varphi_2}{a_1\cos\varphi_1 + a_2\cos\varphi_2}.$

6.4: a) $f(x-1) = (x-1)\sqrt{x}$, $f(x) - 1 = x\sqrt{x+1} - 1$, $-f(x) = -x\sqrt{x+1}$,
$f(-x) = -x\sqrt{1-x}$, $2f(x) = 2x\sqrt{x+1}$, $f(2x) = 2x\sqrt{2x+1}$.

b) $f[f(x)] = x^9 - 3x^7 + 3x^5 - 2x^3 + x$, $g[f(2)] = \sin 12$,

$f[g(x)] = -\sin 2x\cdot\cos^2 2x$, $f\left[g\left(\frac{\pi}{12}\right)\right] = -\frac{3}{8}$, $g[g(x)] = \sin(2\sin 2x)$,

$g[\pi f(32\,815)] = 0$.

6.5: Sinnvoll sind: b), d), g) für $\sin x \leqq 0$,
nicht erklärt sind: a), c), e), f).

6.6: a) 1. b) 0. c) Nicht erklärt. d) 0. e) 0. f) Nicht erklärt. g) 2. h) 1. i) Nicht erklärt.

6.7: c) $f(x) = |f(x)| = e^x$, $f(|x|) = e^{|x|}$, $f(x^2) = e^{x^2}$, $[f(x)]^2 = e^{2x}$, $f\left(\frac{1}{x}\right) = e^{\frac{1}{x}}$, $\frac{1}{f(x)} = e^{-x}$.

d) $f(x) = \ln x$, $(x > 0)$, $|f(x)| = |\ln x|$, $f(|x|) = \ln|x|$, $(x \neq 0)$,

$f(x^2) = 2\ln|x|$, $(x \neq 0)$, $[f(x)]^2 = (\ln x)^2$, $f\left(\frac{1}{x}\right) = -\ln x$,

$\frac{1}{f(x)} = \frac{1}{\ln x}$, $(x > 0,\ x \neq 1)$.

e) $f(x) = \sin x$, $|f(x)| = |\sin x|$, $f(|x|) = \sin|x|$, $f(x^2) = \sin(x^2)$,

$[f(x)]^2 = \sin^2 x$, $f\left(\frac{1}{x}\right) = \sin\frac{1}{x}$, $(x \neq 0)$, $\frac{1}{f(x)} = \frac{1}{\sin x}$, $(x \neq k\pi,\ k \in G)$.

6.8: a) $-1 \leqq x \leqq 1$, $0 \leqq y \leqq 1$. b) $y = \frac{1}{\sqrt{-2x}}$, $x < 0$, $y > 0$. c) $D_f = \emptyset$.

d) $x \in R^1$, $y \geqq \frac{23}{12}$. e) $x \in R^1$, $W_f = \{n | n \text{ ganz}\}$. f) $x \in R^1$, $y \leqq 4 - \sqrt{\frac{23}{8}}$.

g) $x \leqq a \vee x \geqq b$, $y \geqq 0$. h) $-2 \leqq x \leqq 2$, $-2 \leqq y \leqq 2$. i) $x > 1$, $y < 0$.

j) $x < 0 \vee x > 1$, $y \neq 0$. k) $x \neq 2 \wedge x \neq -3$, $y \in R^1$. l) $x \in R^1$, $0 \leqq y \leqq \sqrt{2}$.

m) $2k\pi < x < (2k+1)\pi$, $k \in G$, $y \leqq 0$. n) $\frac{1}{e} \leqq x \leqq e$, $-\frac{\pi}{2} \leqq y \leqq \frac{\pi}{2}$.

o) $x \neq 1$, $y > 0 \wedge y \neq 1$.

6.9: a) $x \neq -1 \wedge x \neq -2$, $y \neq 0 \wedge y \neq 1$. b) $-1 < x < 1$, $W_f = R^1$.

c) $x \leqq 1{,}2 \vee x > 2{,}5$, $y \geqq 0 \wedge y \neq \sqrt{5}$. d) $\frac{4}{7} \leqq x < \frac{3}{2}$; $y \geqq 0$.

e) $-\frac{\pi}{4} + k\pi < x < \frac{\pi}{4} + k\pi$, $k \in G$, $y \leqq \ln 2$. f) $-7 \leqq x < 2$, $y \leqq \ln 3$.

g) $-3 < x \leqq -2 \vee x > 2$, $y \geqq 0$. h) $1 \leqq x \leqq 4$, $0 \leqq y \leqq \sqrt{\lg\frac{25}{16}}$.

i) $1 \leqq x < a^2 + 1$, $y \leqq \ln a$. j) $x \leqq -\frac{1}{3} \vee x \geqq 1$, $-\frac{\pi}{2} \leqq y \leqq \frac{\pi}{2} \wedge y \neq \frac{\pi}{6}$.

k) $\frac{1}{2}(1 - \sqrt{17}) \leqq x \leqq 0 \vee 1 \leqq x \leqq \frac{1}{2}(1 + \sqrt{17})$, $3 - \sqrt{2} \leqq y \leqq 3$.

l) $0 \leqq x \leqq \frac{\pi^2}{4} \vee \frac{\pi^2}{4}(4k-1)^2 \leqq x \leqq \frac{\pi^2}{4}(4k+1)^2$, $0 \leqq y \leqq 1$.

6.10: a) $x \geqq 2$, $y \geqq 0$; Halbgerade $y = f(x) = x - 2$, $(x \geqq 2)$.

b) $x \leqq 1$, $y \geqq 3$, Halbgerade $y = f(x) = \frac{16 - x}{5}$, $(x \leqq 1)$.

c) $-1 \leqq x \leqq 1$, $0 \leqq y \leqq 1$; Strecke $y = f(x) = \frac{1}{2}(1 - x)$, $(-1 \leqq x \leqq 1)$.

d) Bild 6.8. e) Bild 6.9.

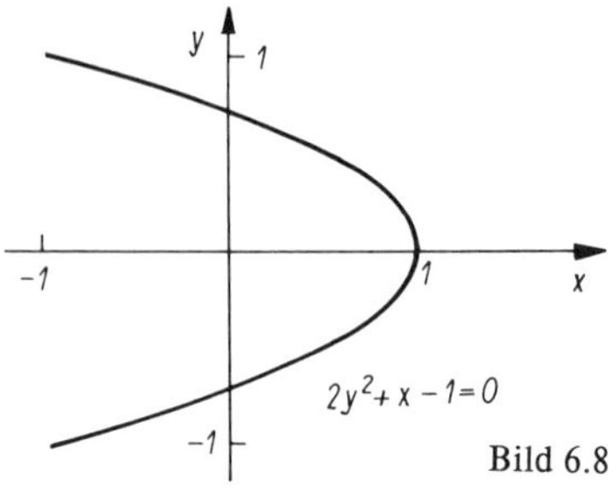

Bild 6.8

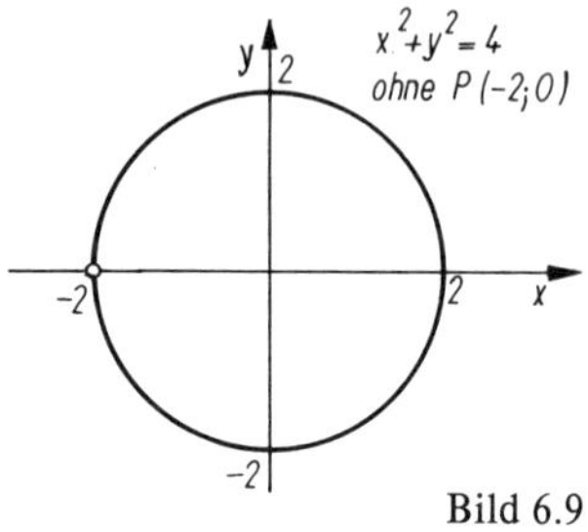

Bild 6.9

f) Bild 6.10.

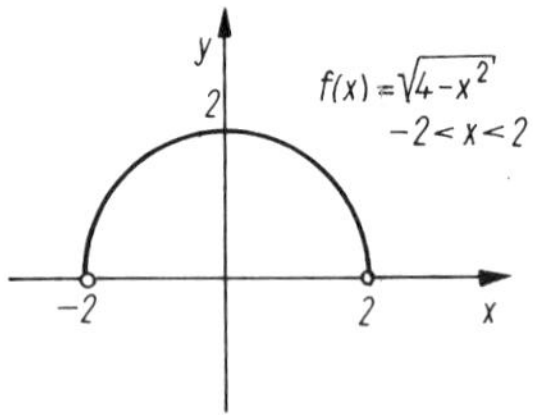

Bild 6.10

g) $-1 \leqq x \leqq 1,\ -\frac{1}{2} \leqq y \leqq \frac{1}{2};\ y^2 + (x^2 - 1)x^2 = 0.$

6.11: a) Ellipse mit $M(x_0; y_0)$. b) Parabel mit Scheitel $S(x_0; y_0)$.
c) Rechter Hyperbelast mit Zentrum $(x_0; y_0)$.
d) Hyperbel mit Zentrum (0; 0).

6.12: a) Kreis um $M(0; 0)$ mit $r = 5$. b) Archimedische Spirale.
c) Logarithmische Spirale. d) Kreis um $M(1; 0)$ mit $r = 1$.
e) Kardioide.

6.13: a) $x_1 = 1,\ x_2 = -1$. b) $x_1 = 0,\ x_2 = 2$. c) $x = 2$. d) $x_1 = 1,\ x_2 = 3$.
e) $x_k = \frac{\pi}{6} + k \cdot \frac{2\pi}{3},\ k \in G$. f) $x_k = \frac{\pi}{4} + k\pi,\ k \in G$. g) $x_{1/2} = \pm \ln\left(\sqrt{2} + 1\right)$.
h) $x = -3 + \frac{2}{\sqrt{3}}$. i) $y \equiv 0$ für $-\frac{\pi}{2} \leqq x \leqq \frac{\pi}{2}$.

6.14: Gerade Funktionen: c), e), j), l), o);
ungerade Funktionen: b), d), g), h), k), m), n);
weder gerade noch ungerade Funktionen: a), f), i).

6.15: a) $g(x) = 2x^2 + 1,\ u(x) = x^3$. b) $g(x) = \cosh x,\ u(x) = \sinh x$.
c) $g(x) \equiv 0,\ u(x) = f(x)$. d) $g(x) = \frac{x^2}{1 - x^2},\ u(x) = \frac{x}{1 - x^2}$.
e) $g(x) = f(x),\ u(x) \equiv 0$.

6.16: a) In den Intervallen $x < 0$ und $x > 0$ für $a > 0$ $(a < 0)$ streng monoton fallend (wachsend), W_f: $y \neq 0$.
b) $y = \frac{1}{(x-3)^2 + 1}$, für $x \leqq 3$ $(x \geqq 3)$ streng monoton wachsend (fallend), W_f: $0 < y \leqq 1$, also ist die Funktion beschränkt.
c) Für $x < 4$ und für $x > 4$ streng monoton fallend, W_f: $y \neq 1$.

d) Streng monoton wachsend, $W_f = R^1$.
e) $y = (x-2)^3$, streng monoton wachsend, $W_f = R^1$.
f) Streng monoton fallend, $W_f = (-1; 1]$, (beschränkt).

g) $y = \arctan\left(2 + \frac{3}{x} + \frac{1}{x^2}\right)$, streng monoton fallend, W_f: $\arctan 2 < y < \frac{\pi}{2}$.

h) Für $k\pi < x < \frac{\pi}{2} + k\pi$ streng monoton wachsend,

für $\frac{\pi}{2} + k\pi < x < \pi + k\pi$ streng monoton fallend, $k \in G$, W_f: $y \leqq 0$.

6.17: a) $p = 2\pi$, $-\frac{4}{3} \leqq y \leqq \frac{4}{3}$. b) $p = \frac{\pi}{2}$, $-e \leqq y \leqq -\frac{1}{e}$.

c) $p = 2$, $-1 \leqq y \leqq 1$. d) Nicht periodisch, unbeschränkt.

e) $p = 2\pi$, $\frac{1}{3} \leqq y \leqq 1$. f) $p = \pi$, $0 \leqq y \leqq \ln 3$.

g) $p = \frac{\pi}{3}$, $1 \leqq y \leqq 2$. h) $p = \frac{2}{3}\pi$, $0 \leqq y \leqq 4$.

i) Nicht periodisch, z. B. $K_u = -\sqrt{2}$, $K_o = \sqrt{2}$. j) $p = \pi$, $0 \leqq y \leqq 1$.
k) $y \equiv 1$, periodisch (primitive Periode existiert nicht), beschränkt.
l) $p = 12\pi$, beschränkt. m) Nicht periodisch, beschränkt.
n) $p = 2\pi$, $K_u = 0$, nicht beschränkt.

6.18: a) $W = R^1$, $\varphi(x) = \begin{cases} \sqrt[3]{x} & \text{für } x \geqq 0, \\ -\sqrt[3]{-x} & \text{für } x < 0. \end{cases}$

b) $W = [1; 14]$, $\varphi(x) = \begin{cases} \sqrt{x-1} - 2 & \text{für } 1 \leqq x \leqq 10, \\ \frac{x}{2} - 4 & \text{für } 10 < x \leqq 14, \end{cases}$ (Bild 6.11).

c) $W = R^1$, Umkehrfunktion existiert nicht (Bild 6.12).

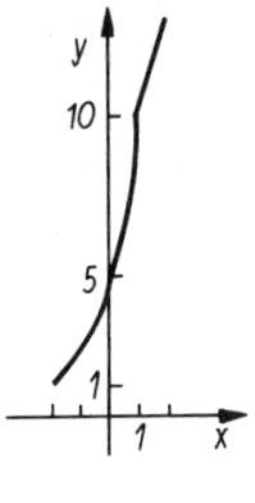

Bild 6.11

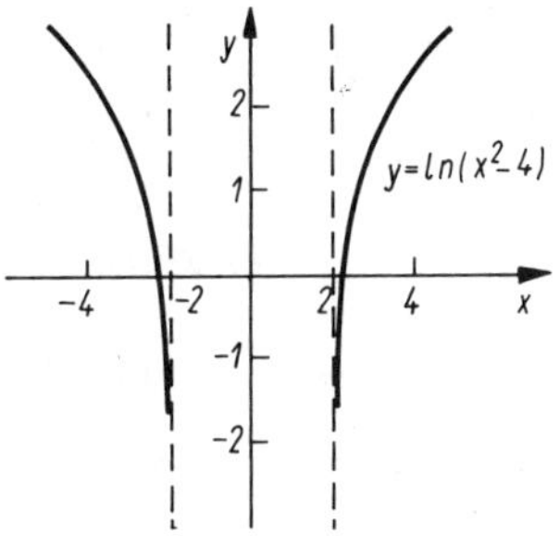

Bild 6.12

d) $W = [\sqrt{2}; \infty)$, $\varphi(x) = \frac{x^4 + 4}{4x^2}$, $(x \geqq \sqrt{2})$, (Bild 6.13).

e) $f(x) = 2 + \frac{11}{x-3}$, $W = (-\infty; 2) \cup (2; \infty)$, $\varphi(x) = \frac{3x+5}{x-2}$, $(x \neq 2)$, (Bild 6.14).

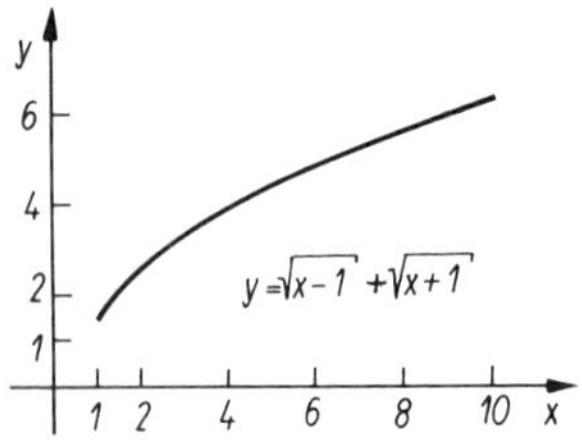

Bild 6.13

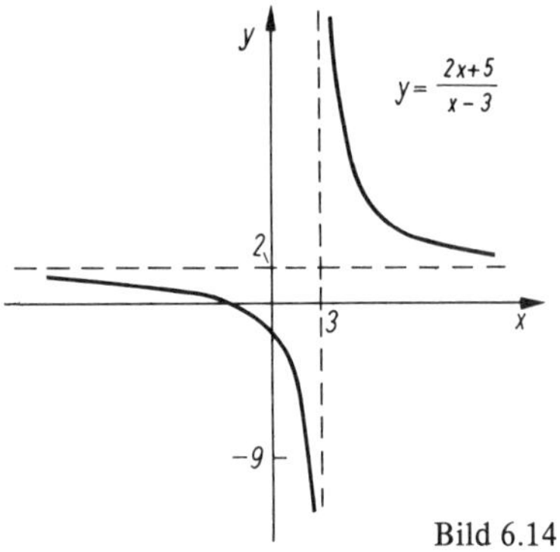

Bild 6.14

f) $W=[e;\infty)$, $\varphi(x)$ existiert nicht.

g) $W=(1,\infty)$, $\varphi(x)=-\frac{1}{3}\log_2(x-1)$, $(x>1)$.

h) $\varphi(x)=f(x)=x$, $x\in[-1,1]$, (Bild 6.15).

i) $W=(-\infty,-1]\cup(0,1]$, $\varphi(x)=x+\frac{1}{x}$, $x\in(-\infty;-1]\cup(0;1]$, (Bild 6.16).

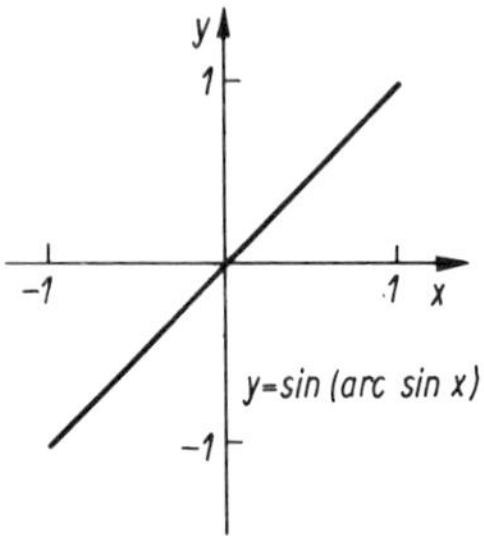

Bild 6.15

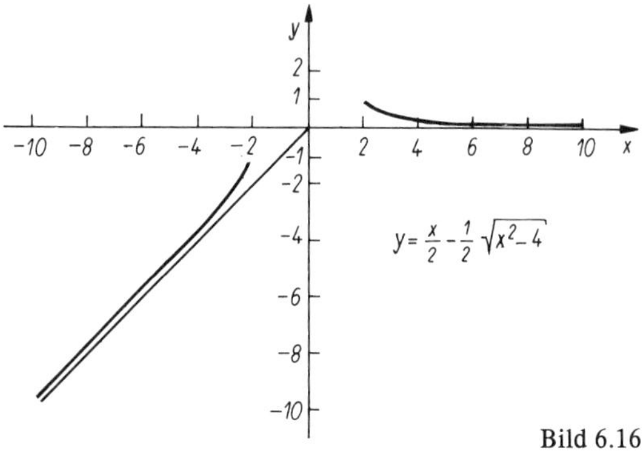

Bild 6.16

6.19: a) $f^{-1}(x)=\left(\frac{x+4}{x-1}\right)^2$, $-4\leqq x<1$. b) $h^{-1}(t)=\frac{1}{2}\ln(2t+1)$, $t\in\left(-\frac{1}{2};\infty\right)$.

c) $f^{-1}(x)=\frac{4x+2}{1-x}$, $x\neq 1$. d) $g^{-1}(t)=\frac{2+4t^2}{1-t^2}$, $0\leqq t<1$.

e) $g^{-1}(s)=\frac{2e^{2s}+3}{3e^{2s}-4}$, $s>\frac{1}{2}\ln\frac{4}{3}$. f) $f^{-1}(x)=3\pi-\arcsin x$, $x\in[-1;1]$.

g) $f^{-1}(x)=-2\pi+\arccos x$, $-1\leqq x\leqq 1$.

6.20: a) $y=f(x)=2x\sqrt{1-x^2}$. b) $y=f(x)=\sqrt{1-\frac{1}{x^2}}$.

6.21: a) $P(1)=P(-1)=P(-2)=0$, $P(2)=72$, $P(x)=2(x-1)^2(x+1)^2(x+2)$.

b) $P(-3)=-2\,142$, $P(-2)=P\left(\frac{1}{2}\right)=0$, $P(x)=2x^2(x+2)^2\left(x-\frac{1}{2}\right)(x^2-4x+13)$.

c) $P(-2)=P(2)=0$, $P(3)=100$, $P(x)=(x+2)^2(x+1)(x-2)$.

d) $P(\sqrt{3}) = P(-\sqrt{3}) = 52$, $P(\mathrm{i}) = 0$, $P(x) = (x-2)(x+2)(x-4)(x+4)(x^2+1)$.

e) $P(4) = 16$, $P(3+\mathrm{i}) = 0$, $P(x) = x(x^2 - 6x + 10)^2$.

6.22: a) Bild 6.17. b) Bild 6.18.

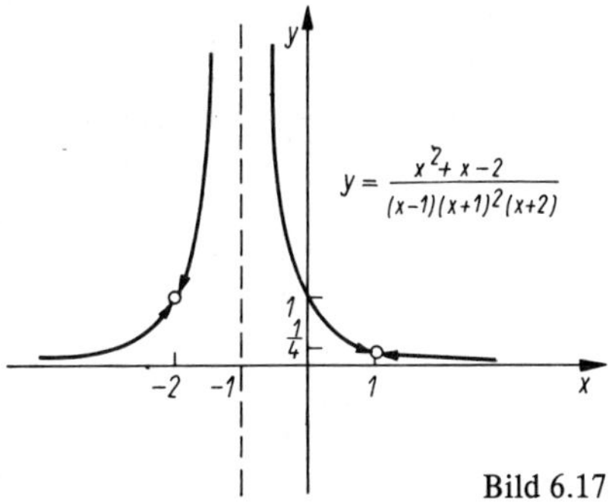

Bild 6.17

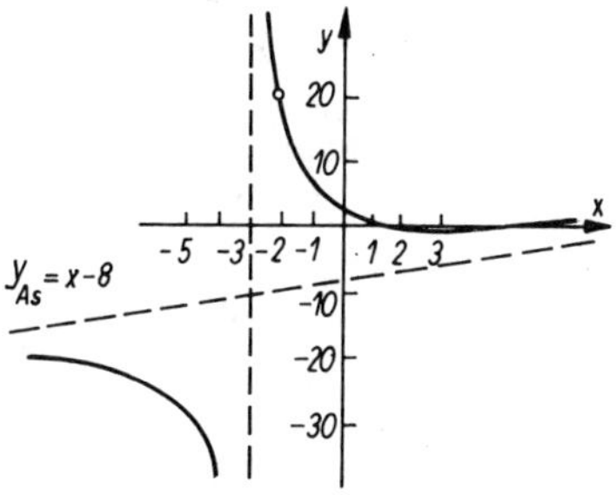

Bild 6.18

c) $x_{n1} = -3$, $x_{n2} = 2$ (jeweils einfach), $x_{p1} = 3$, $x_{L1} = 1$, $y_{As} = x + 4$.

d) Bild 6.19. e) Bild 6.20.

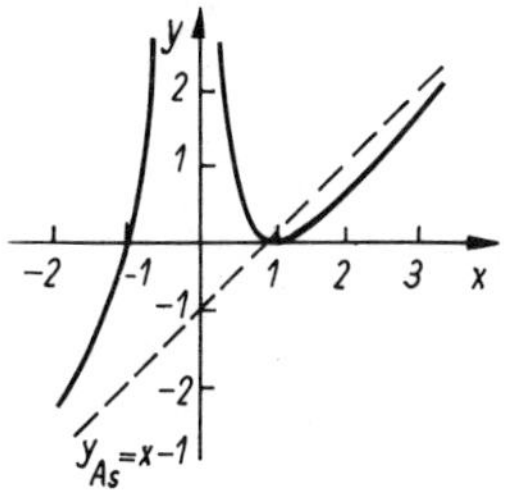

Bild 6.19

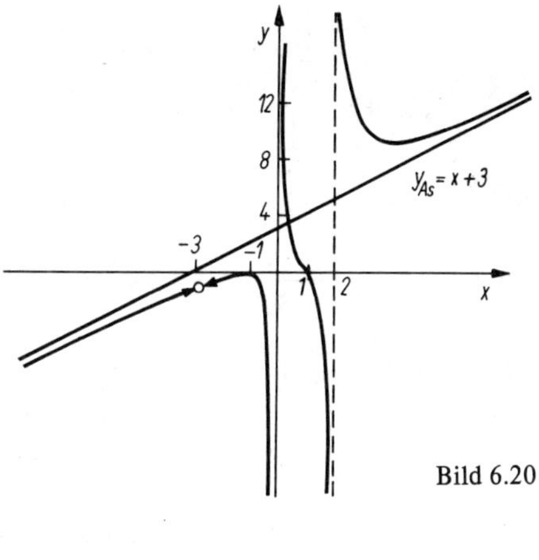

Bild 6.20

f) $x_{n1} = 1$ (einfach), $x_{p1} = 0$ (einfach), $x_{p2} = 3$ (doppelt), $x_{L1} = -1$, $y_{As} \equiv 0$.

g) Keine Nullstelle, $x_{p1} = -1$ (einfach), $x_{L1} = 1$, $y_{As} = x^3$.

h) Bild 6.21. i) Bild 6.22.

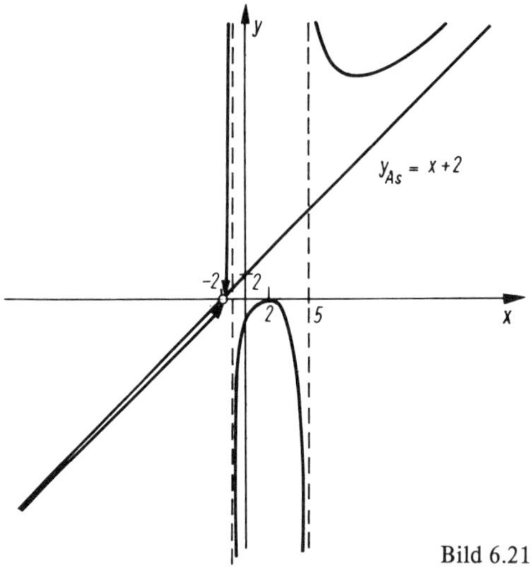

Bild 6.21

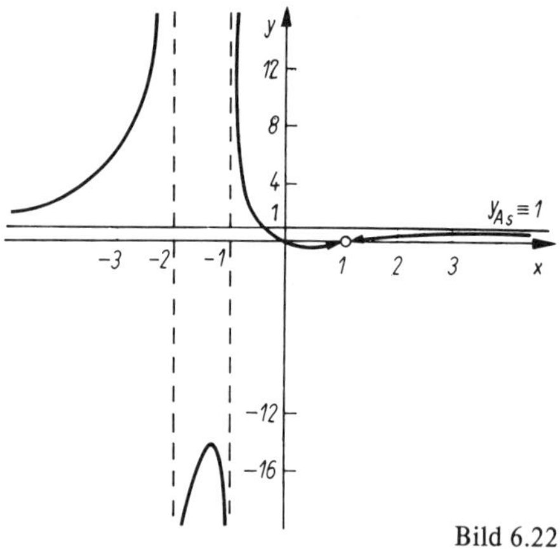

Bild 6.22

j) $x_{n1} = -3,\ x_{n2} = \frac{2}{3},\ x_{n3} = \frac{3}{4},\ x_{p1} = -2,\ x_{p2} = 1$ (jeweils einfach), $y_{As} = 1{,}2x + 0{,}7$.

6.23: $y = r(x) = \frac{(x-2)^2(x+3)}{(x-1)^2}$.

6.24: a) $y = \frac{1}{x+2} + \frac{1}{3(x-2)} - \frac{1}{3(x+1)}$. b) $y = \frac{1}{25}\left(\frac{31}{x-3} + \frac{44}{x+2} - \frac{80}{(x+2)^2}\right)$.

c) $y = \frac{1}{x-1} - \frac{x+1}{x^2+1} + x + 1$. d) $y = \frac{4}{x-1} - \frac{1}{x+1} + \frac{2}{(x+1)^2} + \frac{3}{(x-1)^2}$.

e) $y = \frac{1}{32}\left(\frac{1}{x-1} + \frac{25-x}{x^2+6x+25}\right)$.

f) $y = \frac{1}{9}\left[\frac{1}{(x+1)^2} - \frac{2}{(x+1)} - \frac{3}{(x^2-x+1)^2} + \frac{2x+4}{(x^2-x+1)}\right]$.

g) $y = \frac{1}{x+1} - \frac{1}{(x+1)^2} + \frac{1-x}{x^2+x+1} - \frac{x+1}{(x^2+x+1)^2}$.

6.25: $P_3(x) = 1 + \frac{5}{6}(x-1)(x-2) + \frac{13}{12}(x-1)(x-2)(x-4),\ P_3(3) = \frac{1}{2}$.

6.26: $P_2(x) = 1 - \frac{13}{\pi}x + \frac{6}{\pi^2}x^2$.

6.27: a) $P_2(x) = 1{,}2 + \frac{32{,}8}{6}x + \frac{3{,}2}{9}x^2$.

b) $P_3(x) = 2 - x + 2x^3$. c) $P_2(x) = 3{,}6 - 1{,}2x + 6x^2$.

d) $P_5(x) = -8 - 7(x-1) - (x-1)x + 2(x-1)x(x+1) + 2(x-1)x(x+1)(x+2)$
$+ (x-1)x(x+1)(x+2)(x+3) = x^5 + 7x^4 + 11x^3 - 8x^2 - 18x - 1$.

e) $P_2(x) = -4(1+x^2)$, mit dem Punkt $P_5(-1|104)$ erhält man:
$P_5(x) = -4(1+x^2) + (x+3)x(x-1)(x-3)(x-6) = x^5 - 7x^4 - 3x^3 + 59x^2 - 54x - 4$.

6.28: $n^+ = 5(L^+)^3 - 30(L^+)^2 + 61L^+$, $L = 2{,}5$ PS $\Rightarrow n = 43{,}125$ Umdr./min,
$L = 5$ PS $\Rightarrow n = 180$ Umdr./min.

7.1: a) $A = 1$, $N = (2/\varepsilon) - 1$. b) $N = ((1+\varepsilon)^{1/10} - 1)^{-1}$. c) $N = 4\varepsilon^{-2}$.
d) $A = 0$, $N = \{\ln(\varepsilon/p_0)\}\{\ln[V(V+\Delta V)^{-1}]\}^{-1} = (\ln 20)(\ln 19 - \ln 17)^{-1} = 26{,}9338\ldots$

7.2: $N = (V/\Delta V)[(M/p) - a] = 27{,}6$.

7.3: a) 10^4. b) 0. c) Wenn $n = 2m$, dann $\lim a_n = 2$; wenn $n = 2m+1$, dann $\lim a_n = 0$. d) 0. e) 2/3. f) $+\infty$. h) $-5/2$.
i) $n = 2m$: $\lim a_n = 1/5$, $n = 2m+1$: $\lim a_n = -1/5$. j) 1/2.
k) a_n in Schranken einschließen, die konvergieren.
l) Unbestimmt divergent. m) Bestimmt divergent.
n) $n = 2m$: $\lim a_n = +\infty$; $n = 2m+1$: $\lim a_n = \pi$. o) 2/3.
p) $g(x)$, falls $0 < x < 1$; $(1/2)(f(x) + g(x))$, falls $x = 1$; $f(x)$, falls $x > 1$.
q) Unbestimmt divergent; $-\infty$; $-\sin(2\pi/5)$; $-\sin(\pi/5)$; 0; $\sin(\pi/5)$; $\sin(2\pi/5)$; $+\infty$.

7.4: a) $e^{1/3}$. b) e^{-1}. c) $(7/2)e^4$. d) e^{-1}.

7.5: a) Bis $n = 3$ steigend, für $n > 3$ fallend; $A = 0$; $\max a_n = a_3 = 9/8$.
b) Bis $n = 190$ steigend, für $n > 190$ fallend; $A = 0$; $\max a_n = a_{190} = 190^{1\,000}/(190!) = c \cdot 10^m$ mit $m = 1\,926$ und $5{,}857 < c < 5{,}861$.

7.6: a) $\{x_n\}$ mindestens von x_1 ab monoton fallend; eine untere Schranke ist 0. Also existiert $\lim x_n = A$. Es ist A die positive Lösung von $A = (1/2)(A + (a/A))$, d. h. $A = \sqrt{a}$.
b) Alle x_n sind < 0. Falls $\lim x_n = A$ existiert, muß $A \leqq 0$ und $A^2 + A - k = 0$, d. h. $A = -(1/2) - [(1/4) + k]^{1/2}$, sein. $x_{n+1} - A$ und $x_n - A$ haben verschiedene Vorzeichen. Die Teilfolgen $x_0, x_2, x_4, x_6, \ldots$ und $x_1, x_3, x_5, \ldots$ sind monoton und beschränkt. Also streben sie und damit $\{x_n\}$ zum obigen A.
c) Analog zu b) beweist man $\lim x_n = -(1/2) + [(1/4) + k]^{1/2}$.
d) $y = x$ ist Tangente von $y = f(x)$ an der Stelle $x = 1$, $\lim x_n = 1$.
e) Falls $\lim x_n = A$ existiert, muß $A = A + (a/A)$ sein. Diese Gleichung hat keine Lösung, also ist $\{x_n\}$ divergent.
f) $\{x_n\}$ monoton wachsend und beschränkt, $\lim x_n = 1/c$.
g) $\{x_n\}$ monoton wachsend und beschränkt, falls $0 < a \leqq 1/4$; dann $\lim x_n = (1/2) - [(1/4) - a]^{1/2}$. $\{x_n\}$ divergent, falls $a > 1/4$.

8.1: a) Zähler und Nenner durch x^4 dividieren.
b) 101. c) Polynomdivision. d) $\lim(x^{-1}\sin x) = 1$ für $x \to 0$ beachten, ab/c.
e) 3/2. f) 0. g) Mit $[\ldots]^{1/2} + x$ erweitern, $(1/2)(a+b)$.
h) α) 4; β) 0. i) α) 0; β) 1. j) α) 1/2; β) 0.
k) „ABC“ $= (s/2)R(1 - \cos(\alpha/2))$ [s: Sehnenlänge, R: Radius]; „ABD“ $= (s/2)H$ mit $HR\cos(\alpha/2) = (s/2)^2$ (Höhensatz); $s/2 = R\sin(\alpha/2)$; Ergebnis: 1/2.

8.2: a) $f(x) = 2[(l/2)^2 - x^2]^{1/2}$. b) $A = l$.
c) $\delta = l[(1/2)\varepsilon_r - (1/4)\varepsilon_r^2]^{1/2} = 4{,}472$ cm.

8.3: $A = -1$, $B = 1$.

8.4: $f(x) = 1$ für $-\infty < x \leqq -1$, $f(x) = x + 2$ für $-1 \leqq x \leqq 0, \ldots$

8.5: a) Für alle x stetig. b) Stetig in $2 \leqq x < 4$, $4 < x < 9$, $9 < x < \infty$; $\lim f(x) = +\infty$ für $x \to 4 - 0$, $\lim f(x) = -\infty$ für $x \to 4 + 0, \ldots$
c) $x = 0$: Unendlichkeitsstelle, $x = -2$: hebbare Unstetigkeitsstelle.
d) Sprungstelle, falls x ganz.
e) $x = 0$: hebbare Unstetigkeit.

f) Unstetigkeitsstellen: $x = (1+2k)^{-1} \pm [1 + (1+2k)^{-2}]^{1/2}$ ($k = 0, \pm 1, \pm 2, \ldots$). Es gibt keine punktierten Umgebungen von $x = 1$ und $x = -1$, wo $f(x)$ überall definiert ist.

9.1: b) $-(2/3)ax^{-5/3}$, falls $x > 0$, $(2/3)\,a(-x)^{-5/3}$, falls $x < 0$.

c) $(7/8)x^{-1/8}$. d) $x^{n-1}a^x(n + x\ln a)$.

e) $[(1/3)x^{-2/3} + (1/2)x^{-1/6}]\exp(x^{1/2}) = x^{1/3}[(1/3)x^{-1} + (1/2)x^{-1/2}]\exp(x^{1/2})$.

f) $30x^4 + 32x^3 - 24x^2 + 12x + 12$. g) $2x$, $(|x| \neq 1)$.

h) $(ad - bc)(cx + d)^{-2}$. i) $x^{-n-1}[(2-n)x^2 + (a+b)(1-n)x - nab]$.

j) $(2x\cos x - x\sin x - 4\sin x - 2\cos x)x^{-3}$.

k) $x^2(x\cos x - \sin x)^{-2}$, $(x \neq \tan x)$.

l) $3(x+2)(x^2+4x)^{1/2}$, (einseitige Differenzierbarkeit für $x = -4$ und $x = 0$).

n) $(\sin x\cos x)^{-1} = 2[\sin(2x)]^{-1}$.

o) $3[x^2\exp(x^3) - \exp(3x)]$. p) $-6x[\sin(3x^2)]^{-2}$.

q) $[\arctan(x^2)]^{-1/2}\,x(1+x^4)^{-1}$, nicht differenzierbar an der Stelle $x = 0$, denn die einseitigen Ableitungen sind dort voneinander verschieden.

r) $2[\exp(2x) + \exp(-2x)]^{-1} = (\cosh(2x))^{-1}$.

s) $-x^2(1-x)^{1/2}$. t) $(x-1)^{-1}(-x)^{-1/2}$ (differenzierbar für $x < 0$).

u) 0 (Funktion identisch gleich einer Konstanten).

v) 0 (Funktion stückweise konstant).

9.2: a) $\exp\{-(\ln x)^{1/3}\}\{1 - (1/3)(\ln x)^{-2/3}\}$.

b) $x^{1/3}(1-x)^{2/3}(1+x)^{1/2}\{(1/3)x^{-1} - (2/3)(1-x)^{-1} + (1/2)(1+x)^{-1}\}$
$= x^{-2/3}(1-x)^{-1/3}(1+x)^{-1/2}(1/6)(-9x^2 - x + 2)$.

c) $\{x\ln|x|\}^{-1}$. d) $\{\cos x\}^{-1}$. e) $x\,e^x(x+a)^{1/2}\{1 + [2 + x + (1/2)\,x(x+a)^{-1}]\ln x\}$.

f) $-a/b$. g) $\pm 2e^2 x\{\exp(x^2)\}\{\exp[\exp(x^2)]\}$, oberes bzw. unteres Vorzeichen, falls $2 + f > 0$ bzw. < 0.

h) 1. i) 1/3, −1/6, −1/6.

9.3: a) $a^n m(m-1)\cdot\ldots\cdot(m-n+1)(ax+b)^{m-n}$.

b) $x(f(x))^{(n)} + n(f(x))^{(n-1)}$. c) $(-1)^{n+1}n!ab^{n-1}(a+bx)^{-n-1}$.

d) $L_n(x) = n!\sum(-1)^\nu(\nu!)^{-1}\binom{n}{\nu}x^\nu$ $(\nu = 0, \ldots, n)$.

e) $-4e^{-x}\cos x$. f) $-\{4f(1+\ln|f|)^3\}^{-1} = -2f^2(x+2f)^{-3}$. g) $(1/2)a^2e$.

9.4: c) $(2x)^{\sin x}\{\cos x\ln(2x) + x^{-1}\sin x\}$. d) $x^{1/x}x^{-2}(1 - \ln x)$.

e) $x^a a^x\{(a/x) + \ln a\}$. f) $u^v(v'\ln u + (v/u)u')$.

g) siehe f) mit $u = ax^m$, $v = \ln(x^2)$, $v' = 2/x$, $\ln u = \ln a + m\ln x$, $(v/u)u' = 2mx^{-1}\ln x$.

h) $(1/2)(\sqrt{x})^{\tan x}\{(\cos x)^{-2}\ln x + x^{-1}\tan x\}$.

9.5: a) $c = 1$. b) $n = 3$.

9.6: a) $(1/2) + (\pi/180)3^{1/2} = 0{,}5302\ldots$ b) 2,004 34...

c) $\Delta x = 0{,}0016$, α) 0,010048; β) $1{,}9\ldots\cdot 10^{-4}$; γ) $5{,}09\ldots\cdot 10^{-4}$.

d) $5\cdot 10^{-3}$. e) $(3/8)bf^{-1}dL$.

f) (1/3)%. g) $dV/V = 3\alpha$.

h) 1,83 cm, $4\cdot 10^{-3}$ %. i) $\alpha = \arctan(x/s)$, 0,4 %.

j) 0,7 cm², 0,2 %; 1,6 cm³, 0,3 %. k) 0,08 m/s, 1 %.

9.7: d) Die Ableitung von t^n nach t ist in $0 < y \leqq t \leqq x$ monoton wachsend.
e) Fallunterscheidung $x < y$ und $y < x$.
g) $f(x) = f'(\xi)x$ mit $\xi = \vartheta x$ $(0 \leqq \vartheta \leqq 1)$.
h) $f'(a) = \lim\{h^{-1}(f(a+h) - f(a))\}$ für $h \to 0 \Rightarrow |f'(a) - f'(a + \vartheta h)| < \varepsilon$ $(0 \leqq \vartheta(h) \leqq 1)$ für $|h| < \delta$, $\tilde{h} = \vartheta h, \ldots$

9.8: a) Obere Schranke, da $\cos x$ monoton fällt; obere Schranke.
b) α) Nein, da Ableitung von x^2 monoton wächst; β) nein; γ) ja.

9.9: a) 1. b) e. c) 0. d) e^{-1}. e) 1. f) $+\infty$. g) $d^{-1/2}$. h) 1. i) 0.
j) -2. k) 1. l) 1. m) -3. n) $-\infty$. o) $\exp(3b)$.

9.10: a) $0 \leqq R_2(x) \leqq 3/128 = 0{,}0234\ldots$
b) $R_n(x) = 2^n[(n+1)!]^{-1}\cosh(2\vartheta x)\, x^{n+1}$ (n ungerade), $n = 7$.
c) $R_2(x) = -(1/48)\,[1 - \sin(\vartheta x)]^{1/2}\, x^3$; $-0{,}003 < R_2(x) \leqq 0$, falls $0 \leqq x \leqq \pi/6$;
$0 \leqq R_2(x) < 0{,}0037$, falls $-\pi/6 \leqq x \leqq 0$.
d) $R_3(x) = -(5/128)\,(1 + \vartheta x)^{-7/2}\, x^4$; $-0{,}0025 < R_3(x) \leqq 0$, falls $0 \leqq x \leqq 1/2$;
$-0{,}0277 < R_3(x) \leqq 0$, falls $-1/2 \leqq x \leqq 0$.

9.11: a) $\leqq 0{,}002$. b) $u(x) = (1/3)\,(1 + \vartheta x)^{-3}$, $M = 1/3$.

10.1: a) 25,63… km.
b) $\pi r^4 + a\pi r^3 - Vr - aV = 0$, $r_1 = -a$, $r_2 = r = (V/\pi)^{1/3}$;
$M = a\{4{,}3937\ldots \cdot V^{2/3} + 6{,}4350\ldots \cdot aV^{1/3} + a^2\pi\}$.
c) $\sin^2 t + \sin t - 1 = 0$, $\sin t = 0{,}618033989\ldots$, $t = 0{,}6662394\ldots + 2k\pi$ und
$t = \pi - 0{,}6662394\ldots + 2k\pi$ $(k = 0, \pm 1, \pm 2, \ldots)$; $\exp(0{,}618033989\ldots) = 1{,}85527\ldots$

10.2: a) $-\infty < a < -4$, $0 < a < +\infty$.
b) $x_1 < x < x_2$, $x_2 < x < x_3$, $x_3 < x < +\infty$.
c) α) Der beliebige Wert A wird in $-\infty < x < c$ und in $c < x < +\infty$ jeweils genau einmal angenommen; β) Länge: $4[(c-a)(c-b)]^{1/2}$.

10.3: a) $\alpha = -\arctan\left(v_0^{-1}(2gh)^{1/2}\right) = -35{,}49\ldots^\circ$.
b) $M(x_m, y_m)$, $x_m = x_0 + g(t)\cos\alpha$, $0 < |\alpha| < \pi/2$, $\tan\alpha = a$, $y_m = \ldots$; $P(X; 0)$,
$X = hx_m(h - y_m)^{-1}$, $\dot{X} = (A + x_0 B)\,(1 - Bg(t))^{-2}\,\dot{g}(t)$ mit $A = (1 + a^2)^{-1/2}$, $B = (a/h)A$.
Spezialfall: $A = 0$, $B = (1/4)\,\mathrm{m}^{-1}$, $\dot{X}(t)$ für $t \triangleq 0$ s bzw. 2 s, bzw. 3 s bzw. (7/2) s bzw. 3,99 s ist gleich (3/4)(m/s) bzw. 3 m/s bzw. 12 m/s bzw. 48 m/s bzw. $12 \cdot 10^4$ m/s.
c) $v = (x_0 + l)\,v_1\{(H-h)^2 + (x_0 + l)^2\}^{-1/2} = 0{,}46499\ldots$ m/s.

10.4: a) Def.bereich: $-\infty < x < 2$, $2 < x < +\infty$, Nullst.: $x = 0$, Unendl.st.: $x = 2$, rel. Min.: $x = 3$, $f(3) = 2{,}7$, Wendepunkt: $x = 0$, $f(0) = 0$, Tangente: $y \equiv 0$, asymp. Verh.: $f(x) = (x^2/10) + (1/5)x + (2/5) + R(x)$ mit $\lim R(x) = 0$ für $x \to +\infty$ und $x \to -\infty$.
b) Rel. Min.: $x = 3$, $f(3) = 6{,}75$, Wendepunkt: $x = 0$,
asymp. Verh.: $f(x) = x + 2 + (3/x) + \ldots$
c) Hebbare Unstetigkeitsstelle: $x = -1$; Wendepunkt: $x = 1$, $f(1) = 0$, Tangente: $y = (1/4)(x - 1)$, asymp. Verh.: $f(x) = x^{-2} + \ldots$
d) Hebbare Unst.: $x = 2$, Unendl.st.: $x = 3$, rel. Min.: $x = 5$, $f(5) = 9$, rel. Max.: $x = 1$, $f(1) = 1$, asymp. Verh.: $f(x) = x + 2 + (4/x) + \ldots$
e) Hebbare Unst.: $x = 2$, $f(x) = x(x^2 + 1)^{-1}$ für $x \neq 2$, rel. und abs. Max.: $x = 1$, $f(1) = 1/2$, rel. und abs. Min.: $x = -1$, $f(-1) = -1/2$, Wendepunkte: $x = -3^{1/2}$, $x = 0$, $x = 3^{1/2}$, zugehörige Tangenten: $y = -(1/4)\,3^{1/2} - (1/8)\,(x + 3^{1/2})$, $y = x$, $y = (1/4)3^{1/2} - (1/8)\,(x - 3^{1/2})$, asymp. Verh.: $f(x) = x^{-1} + \ldots$
f) Rel. und abs. Max.: $x = 1{,}4574\ldots$, $f(1{,}4574\ldots) = 0{,}03566\ldots$, rel. Max.: $x = -0{,}4574\ldots$,

$f(-0{,}4574\ldots) = -23{,}6606\ldots$, Wendepunkt: $x = 1{,}917987\ldots$, Tangente: $y = (0{,}0293\ldots) - (0{,}0187\ldots)(x - 1{,}9179\ldots)$, asymp. Verh.: $f(x) = x^{-3}\ldots$

g) Wendepunkte: $x = \pm(0{,}57735\ldots)\,a$, asymp. Verh.: $f(x) = a - (a^3/x^2) + \ldots$

h) Rel. und abs. Min.: $x = 0{,}1771\ldots$, rel. und abs. Max.: $x = 2{,}8228\ldots$, Wendepunkte: $x = -0{,}3256025\ldots$, $x = 0{,}7543738\ldots$, $x = 4{,}0712287\ldots$, zugehörige Tangenten: $y = -(0{,}5504\ldots) - (1{,}5445\ldots)(x + 0{,}3256\ldots)$, $y = (0{,}1695\ldots) + (3{,}5978\ldots)(x - 0{,}7543\ldots)$, $y = (2{,}3808\ldots) - (0{,}05331\ldots)(x - 4{,}0712\ldots)$, asymp. Verh.: $f(x) = 2 + (2/x) + \ldots$

i) Abs. Min.: $x = -1$, rel. und abs. Max.: $x = 0{,}4142\ldots$, Wendepunkt: $x = -0{,}2679\ldots$

j) Periodische Funktion, Periode: 2π, rel. und abs. Max.: $x = (1{,}5707\ldots) + 2k\pi$, $(k = 0, \pm 1, \ldots)$, rel. und abs. Min.: $x = -(1{,}5707\ldots) + 2k\pi$, $(k = 0, \pm 1, \ldots)$, Wendepunkte: $x = \arcsin[(1/2)(-1 + 5^{1/2})] + 2k\pi = (0{,}6662\ldots) + 2k\pi$, $k = 0, \pm 1, \ldots)$, $x = (\pi - 0{,}6662\ldots) + 2k\pi$, $(k = 0, \pm 1, \ldots)$.

k) Rel. und abs. Min.: $x = 0$, rel. und abs. Max.: $x = \pm 1$, Wendepunkte: $x = \pm 1{,}5102\ldots$, $x = \pm 0{,}4682\ldots$; $\lim f(x) = 0$ für $x \to +\infty$ und $x \to -\infty$.

l) Rel. Min.: $x = 0$, rel. und abs. Max.: $x = 4{,}4721\ldots$, $f(4{,}4721\ldots) = 3696{,}88\ldots$, rel. Max.: $x = -4{,}4721\ldots$, $f(-4{,}4721\ldots) = 8{,}6559\ldots$, Wendepunkte: $x = -6{,}650712\ldots$, $x = -2{,}289576\ldots$, $x = 3{,}940288\ldots$, asymp. Verh.: $\lim f(x) = -\infty$ für $x = \to +\infty$, $\lim f(x) = 0$ für $x \to -\infty$.

m) Hebbare Unst.: $x = -2$, $f(x) = x(x-1)(x-3)^{-1}$ für $x \neq -2$, rel. Max.: $x = 0{,}5505\ldots$, rel. Min.: $x = 5{,}4494\ldots$, asymp. Verh.: $y = x + 2 + (6/x) + \ldots$

n) Rel. Max.: $x = -7$, rel. Min.: $x = 1$, asymp. Verh.: $f(x) = x - 7 + (16/x) + \ldots$

o) $\lim f(x) = 0$ für $x \to +0$; rel. Max.: $x = 0{,}135335\ldots$, rel. und abs. Min.: $x = 1$, Wendepunkt: $x = 0{,}367879\ldots$, $\lim f(x) = +\infty$ für $x \to +\infty$.

p) $\lim f(x) = +\infty$ für $x \to +0$, rel. und abs. Min.: $x = 1/3$, rel. Max.: $x = 2{,}463018\ldots$, Wendepunkte bei $x = 0{,}488387\ldots$ und $x = 4{,}569581\ldots$, $\lim f(x) = 0$ für $x \to +\infty$.

q) Rel. Min.: $x = (-\pi/4) + 2k\pi$ $(k = 0, \pm 1, \ldots)$, rel. Max.: $x = (3\pi/4) + 2k\pi$ $(k = 0, \pm 1, \ldots)$, Wendepunkte: $x = (\pi/2) + k\pi$ $(k = 0, \pm 1, \ldots)$, $\lim f(x) = 0$ für $x \to -\infty$, $\lim f(x)$ für $x \to +\infty$ existiert nicht.

r) Rel. und abs. Min.: $x = 10/9$, keine Wendepunkte, Ableitung auch für $x = 0$ und $x = 5/4$ stetig, asymp. Verh.: $y = 65x^3 + \ldots$ $(x \to +\infty)$, $y = -65x^3 + \ldots$ $(x \to -\infty)$.

s) Rel. und abs. Max.: $x = 1$, rel. Min.: $x = 2$, rel. Max.: $x = 3$, Wendepunkte: $x = 1{,}26975\ldots$, $x = 2{,}44829\ldots$, $\lim f(x) = -\infty$ für $x \to +0$ und $x \to +\infty$.

t) Rel. Max.: $x = -2$, rel. Min.: $x = 1$, Wendepunkte: $x = -1{,}76502\ldots$, $x = -2{,}23507\ldots$, $\lim f(x) = +\infty$ für $x \to +\infty$, $\lim f(x) = 0$ für $x \to -\infty$.

u) Funktion ist gerade, rel. und abs. Min.: $x = 0$, Wendepunkte: $x = 2k\pi$ $(k = \pm 1, \pm 2, \ldots)$, Tangenten: $y = 2k^2\pi^2 + 2k\pi\,(x - 2k\pi)$ $(k = \pm 1, \pm 2, \ldots)$, $\lim f(x) = +\infty$ für $x \to +\infty$ und $x \to -\infty$.

10.5:

a) Quadrat.

b) $\overline{Q_1P} = ah_1(h_1 + h_2)^{-1}$.

c) $(1/2;\ \pm(1/2)\sqrt{5})$.

d) Rechteckseitenlängen: $a\sqrt{2}$, $b\sqrt{2}$.

e) 18 km/h.

f) $V = (1/3)M^{3/2}\pi^{-1/2}(\sin\alpha)^{1/2}\cos\alpha$, $\alpha = \arctan(2^{-1/2}) = (35{,}264\ldots)°$.

g) Oberfläche: $2\pi\{r^2 + rh\}$, $r = r(h)$, Fall $H > 2R : r = (1/2)HR(H - R)^{-1}$, $h = (1/2)H(H - 2R)(H - R)^{-1}$, Fall $H \leqq 2R$: $r = R$, $h = 0$ („plattgedrückter Zylinder").

h) $b = (1{,}1547\ldots)R$, $h = (1{,}6329\ldots)R$, Oberfläche: $2\pi\{r^2 + rh\}$.

i) $h = (0{,}7071\ldots)R$.

j) $x = l/2$, $(\Delta R/R) = (4/l)\Delta x$, $R = R_v$.

k) $|d\boldsymbol{H}| = (I/4\pi)A(A^2 + B^2)^{-3/2}|d\boldsymbol{l}|$, wobei $B = (\boldsymbol{r} - \boldsymbol{l})(d\boldsymbol{l}/|d\boldsymbol{l}|)$ (skalare Projektion von $\boldsymbol{r} - \boldsymbol{l}$ auf die Tangente) ist. $A_{max} = (0{,}7071\ldots)|B|$.

10.6:

b) $-(8/\pi^2)x + (4/\pi) - \cos x = 0$.

c) $x = -(\pi^2/8)\cos x + (\pi/2)$.

d) $x = 0{,}47197\ldots$, $x = 2{,}66962\ldots$

10.7:

a) $4x_1^6 + x_1^4 - 1 = 0$, $(x_1; y_1) = (\pm 0{,}746118\ldots; 1{,}556693\ldots)$.

b) $\alpha - \sin\alpha - (4/5)\pi = 0$, $\alpha = 2{,}824797\ldots$, $h = (1{,}157736\ldots)R$.

c) $x-(1-\sin x)\cos x=0$, (0,478 722…; 0,460 645…).

10.8: a) $x=0{,}787\,237\ldots$ b) $x=0{,}724\,491\ldots$ c) 2,028 757…
d) 0,860 333… e) 0,321 651… f) 0,184 137…
g) 1,192 685… h) 3,4.

10.9: a) 1,400… b) 3,550…

10.10: a) $y=2+2(x-1)$, $y=2-(1/2)(x-1)$. b) $y=(3/2)a\mp(x-(3/2)a)$.
c) $y=0$, $x=2\pi a$. d) $y=3-(5/6)(x+1)$, $y=3+(6/5)(x+1)$.

10.11: a) $0{,}02\overline{7}$. b) 187,061 4… c) 2,795 084… d) 12,503 456… e) 20,712 560…

10.12: a) $6(x-2)\{1+9[(x-1)(x-3)]^2\}^{-3/2}$.
b) $(x,y)=(0{,}707\,106\ldots;\ -0{,}346\,573\ldots)$, $\varrho=2{,}598\,076\ldots$,
$(x-2{,}828\,427\ldots)^2+(y+1{,}846\,573\ldots)^2=6{,}75$.
c) $x=\pm 0{,}881\,373\ldots$, $\varrho=5{,}196\,152\ldots$

11.1: a) $e^{x+1}-\dfrac{2^{-x}}{\ln 2}-\pi x$. b) $x^2\sqrt{x}-3\sqrt[3]{x^2}+7\ln|x|$.
c) $4\ln|x|-\dfrac{6}{\sqrt{x}}-\dfrac{1}{x}$. d) $\dfrac{3^x}{\ln 3}+5\sin x+2\arctan x$.
e) $-\dfrac{1}{x}-2\ln|x|+x+5x\sqrt[5]{x^3}$. f) $\dfrac{a^x e^x}{(\ln a)+1}+8x^2\cdot\sqrt[8]{x^7}$.
g) $2(x+1)^{3/2}-2x^{3/2}+x-\arctan x$. h) $\arcsin x+\operatorname{arsinh} x$.
i) $\dfrac{1}{4}e^{2x}+\dfrac{x}{2}-\dfrac{1}{x-3}$. j) $-\sin x(1+\cos x)$. k) $x-\coth x+\tan\dfrac{x}{2}$.
l) $3x^4+4x^3+6x^2+13x+12\ln|x-1|+\cos x$.

11.2: a) $-2\ln|1-3x|+C$. b) $\dfrac{1}{4}(8x-4)^{3/2}+C$.
c) $\dfrac{3}{10}\cdot\sqrt[3]{(5x-7)^2}+C$. d) $\sqrt{x^2+8}+C$.
e) $\ln(x^2+4x+7)+C$. f) $\dfrac{1}{3}\ln|x^3-7|+C$.
g) $-2\sqrt{5+\cos x}+C$. h) $\sqrt{x^2-1}\left(\dfrac{x^4}{5}+\dfrac{3}{5}x^2-\dfrac{4}{5}\right)+C$.
i) $(3x^4+x^2)^{3/2}+C$. j) $\ln(x^2-5x+8)+C$.
k) $3e^{x^2+x+5}+C$. l) $\ln|\ln x|+C$. m) $2\sqrt{(e^x+1)^3}+C$.
n) $\dfrac{2}{3}(2-\cos x)^{3/2}+C$. o) $\sin^3 x+C$. p) $-\dfrac{2}{3}\cos^3 x+C$.
q) $-\dfrac{1}{\sin x}+C$. r) $(\arctan x^2)^2+C$. s) $\sqrt{[\operatorname{arsinh}(6x)]^3}+C$.
t) $\sin\sqrt{x^2+1}+C$.

11.3: a) $\dfrac{1}{2}(\sin x^2-\cos x^2)+C$. b) $\dfrac{2}{a^2}e^{a\sqrt{t}+b}(a\sqrt{t}-1)+C$.
c) $\dfrac{e^{3x}}{9}(3x-1)+C$. d) $(x^2+x+1)\arctan x-x-\dfrac{1}{2}\ln(x^2+1)+C$.

e) $2x\sin x-(x^2-2)\cos x+C.$ f) $\frac{1}{2}x^2\sin 2x-\frac{9}{4}\sin 2x+\frac{1}{2}x\cos 2x+C.$

g) $\frac{1}{3}\cos^3 x-\cos x+C.$ h) $\arctan\left(\frac{\sinh t}{2}\right)+C.$

i) $\frac{1}{2}\ln(x^2+4)+C.$ j) $x\ln(x^2+a^2)+2a\arctan\left(\frac{x}{a}\right)-2x+C.$

k) $(x^3+2x^2-1)\ln(x+1)-\frac{x^3}{3}-\frac{x^2}{2}+x+C.$

l) $\frac{e^{ax}}{a^2+b^2}(a\cos bx+b\sin bx)+C.$

m) $\frac{t}{2}[\cos(\ln t)+\sin(\ln t)]+C.$ n) $-x\cot x+\ln|\sin x|+C.$

o) $\frac{1}{7}\ln\cosh(7x)+C.$ p) $2\sqrt{1+x}\cdot\arcsin x+4\sqrt{1-x}+C.$

q) $-\frac{1}{4t^2}(2\ln t+1)+C.$

r) $\frac{1}{5}e^{-2x}(\sin x-2\cos x)-e^{-x}+C$ (man vergleiche mit der Lösung von 11.3.l)).

s) $\frac{1}{2}(t^2+1)\ln(t^2+1)-\frac{t^2}{2}+C.$ t) $\frac{1}{2}(\ln|\tan x|+\tan x)+C.$

11.4: a) $I_n=\frac{x^n e^{ax}}{a}-\frac{n}{a}I_{n-1}\,(n=1,2,\ldots);\; I_0=\frac{e^{ax}}{a}+C;$

$I_1=e^{ax}\left(\frac{x}{a}-\frac{1}{a^2}\right)+C;\; I_2=e^{ax}\left(\frac{x^2}{a}-\frac{2x}{a^2}+\frac{2}{a^3}\right)+C;$

$I_3=e^{ax}\left(\frac{x^3}{a}-\frac{3x^2}{a^2}+\frac{6x}{a^3}-\frac{6}{a^4}\right)+C.$

b) $I_n=\frac{x^2}{2}(\ln x)^n-\frac{n}{2}I_{n-1}\,(n=1,2,\ldots);\; I_0=\frac{x^2}{2}+C;$

$I_1=\frac{x^2}{4}(2\ln x-1)+C;\; I_2=\frac{x^2}{4}[2(\ln x)^2-2\ln x+1]+C;$

$I_3=\frac{x^2}{4}\left[2(\ln x)^3-3(\ln x)^2+3\ln x-\frac{3}{2}\right]+C.$

c) $I_n=\frac{1}{n}\cos^{n-1}x\sin x+\left(1-\frac{1}{n}\right)I_{n-2}\,(n=2,3,\ldots);\; I_0=x+C;$

$I_1=\sin x+C;\; I_2=\frac{1}{2}\cos x\sin x+\frac{1}{2}x+C;$

$I_3=\frac{1}{3}\cos^2 x\sin x+\frac{2}{3}\sin x+C.$

d) $I_n=x^n\cosh x-nx^{n-1}\sinh x+n(n-1)I_{n-2}\,(n=2,3,\ldots);\; I_0=\cosh x+C;$
$I_1=x\cosh x-\sinh x+C;\; I_2=(x^2+2)\cosh x-2x\sinh x+C;$
$I_3=(x^3+6x)\cosh x-(3x^2+6)\sinh x+C.$

e) $I_n=\frac{1}{a^2}\left[\frac{x}{2(n-1)(x^2+a^2)^{n-1}}+\frac{2n-3}{2(n-1)}\cdot I_{n-1}\right]\;(n=2,3,\ldots);$

$I_1=\frac{1}{a}\arctan\left(\frac{x}{a}\right)+C;\; I_2=\frac{1}{2a^3}\left[\frac{ax}{x^2+a^2}+\arctan\left(\frac{x}{a}\right)\right]+C;$

$I_3=\frac{1}{8a^5}\left[\frac{2a^3x}{(x^2+a^2)^2}+\frac{3ax}{x^2+a^2}+3\arctan\left(\frac{x}{a}\right)\right]+C.$

11.5: a) $\ln\left|\frac{(x-1)^4\cdot(x-4)^5}{(x+3)^7}\right|+C.$ b) $2\ln\left|\frac{x}{x-1}\right|-\frac{3}{x-1}+C.$

c) $2x-\frac{3}{2}\ln(x^2+6x+10)+\arctan(x+3)+C.$

d) $x+2\ln|x+1|+3\ln|x+2|-\ln|x-2|+C.$

e) $-\frac{x}{(x^2-1)^2}+C.$ f) $\frac{1}{2}\ln(x^2+9)+C.$

g) $-\frac{2}{3(x-1)^3}-\frac{3}{2(x-1)^2}-\frac{3}{x-1}+\ln|x-1|+C.$

h) $3x+\arctan x-8\arctan\frac{x}{2}+C.$

i) $\frac{1}{6}\ln\frac{(t-1)^2}{t^2+t+1}-\frac{1}{\sqrt{3}}\arctan\frac{2t+1}{\sqrt{3}}-\frac{1}{3}\frac{1}{t-1}+\frac{t-1}{3(t^2+t+1)}+C.$

11.6: a) $\frac{1}{3}\ln\left|\frac{(x+2)^3(x-2)}{x+1}\right|.$ b) $\frac{1}{25}\ln|(x-3)^{31}\cdot(x+2)^{44}|+\frac{16}{5(x+2)}.$

c) $\frac{x^2}{2}+x+\ln\frac{|x-1|}{\sqrt{x^2+1}}-\arctan x.$ d) $\frac{5x+1}{1-x^2}+\ln\frac{(x-1)^4}{|x+1|}.$

e) $\frac{7}{32}\arctan\left(\frac{x+3}{4}\right)+\frac{1}{32}\ln\frac{|x-1|}{\sqrt{x^2+6x+25}}.$

f) $\frac{1}{9}\ln\frac{(x^2-x+1)}{(x+1)^2}+\frac{2\sqrt{3}}{9}\arctan\left(\frac{2x-1}{\sqrt{3}}\right)-\frac{x^2}{3(x^3+1)}.$

g) $\frac{1}{x+1}+\frac{1-x}{3(x^2+x+1)}+\ln\frac{|x+1|}{\sqrt{x^2+x+1}}+\frac{7}{3\sqrt{3}}\arctan\left(\frac{2x+1}{\sqrt{3}}\right).$

11.7: a) $\arcsin\frac{x}{3}+C.$ b) $\operatorname{arsinh}\frac{x}{3}+C=\ln\left(x+\sqrt{9+x^2}\right)+C.$

c) $\ln\left|x+\sqrt{x^2-9}\right|+C.$ d) $\frac{x}{2}\sqrt{x^2+16}+8\ln\left(x+\sqrt{x^2+16}\right)+C.$

e) $\frac{x}{2}\sqrt{x^2-16}-8\ln\left|x+\sqrt{x^2-16}\right|+C.$ f) $\frac{x}{2}\sqrt{16-x^2}+8\arcsin\frac{x}{4}+C.$

g) $\arcsin\left(\frac{x-5}{2}\right)+C.$ h) $\operatorname{arsinh}\left(\frac{x+1}{\sqrt{2}}\right)+C.$

i) $\ln\left|(x-3)+\sqrt{x^2-6x+5}\right|+C.$ j) $\frac{x+3}{2}\sqrt{x^2+6x+10}+\frac{1}{2}\operatorname{arsinh}(x+3)+C.$

k) $\left(\frac{x}{2}+1\right)\sqrt{5-4x-x^2}+\frac{9}{2}\arcsin\left(\frac{x+2}{3}\right)+C.$

l) $\left(\frac{x-5}{2}\right)\sqrt{x^2-10x-11}-18\ln\left|(x-5)+\sqrt{x^2-10x-11}\right|+C.$

m) $3\sqrt{x^2-10x+29}+17\ln\left|x-5+\sqrt{x^2-10x+29}\right|+C.$

n) $-5\sqrt{-7x-x^2}-\frac{11}{2}\arcsin\left(\frac{2x+7}{7}\right)+C.$

o) $\sqrt{4x^2+4x+3}+5\ln\left|2x+1+\sqrt{4x^2+4x+3}\right|+C.$

11.8: a) $\sqrt{x}(6x^2+20x+30)+C.$ b) $2\arctan\sqrt{x}+C.$

c) $\sqrt[3]{(x-1)^2}\left(\frac{3}{5}x+\frac{9}{10}\right)+C.$ d) $(x+1)+3\sqrt[3]{x+1}-2\ln|x+1|+C.$

e) $3\ln|\sqrt[3]{x}| - 3\ln|\sqrt[3]{x}+1| + C = 3\ln\left|\dfrac{\sqrt[3]{x}}{\sqrt[3]{x}+1}\right| + C.$

f) $2\sqrt{x+1} - 2\ln\left(1+\sqrt{x+1}\right) + C.$ g) $2x - \ln(e^x+1) + C.$

h) $\dfrac{\sqrt{a}}{a}\arctan\dfrac{e^x}{\sqrt{a}} + C.$ i) $2e^x + \ln\dfrac{|e^x-1|}{e^x+1} + C.$ j) $\ln\left|\tan\dfrac{x}{2}\right| + C.$

k) $(x-1) + 4\sqrt{x-1} + 2\ln|x-\sqrt{x-1}| - \dfrac{4}{\sqrt{3}}\arctan\left(\dfrac{2\sqrt{x-1}-1}{\sqrt{3}}\right) + C.$

l) $\dfrac{1}{4}\sin 2x + \dfrac{1}{8}\sin 4x + C.$ m) $\ln|e^{3x}+2e^{2x}-e^x| + C.$

n) $-\dfrac{1}{4}\cot^2\dfrac{x}{2} + \dfrac{1}{2}\ln\left|\tan\dfrac{x}{2}\right| + C.$ o) $(12e^x-16)\sqrt[4]{(e^x+1)^3} + C.$

p) $\dfrac{1}{\sqrt{2}}\ln\left|\dfrac{\tan\dfrac{x}{2}+\sqrt{2}}{\tan\dfrac{x}{2}-\sqrt{2}}\right| + C.$ q) $\sqrt{2}\arctan\left(\dfrac{\tan\dfrac{x}{2}}{\sqrt{2}}\right) + C.$

r) $4e^x + \dfrac{3}{2}\ln(e^{2x}+1) - 4\arctan e^x + C.$

s) $-\left(\cot x + \dfrac{2}{3}\cot^3 x\right) + C.$ t) $\arctan\left(\dfrac{\tan x}{2}\right) + C.$

u) $\dfrac{1}{ab}\arctan\left(\dfrac{b}{a}\tan t\right) + C.$ v) $\ln\left|\dfrac{\sqrt{4x^2+x+1}-2x-1}{\sqrt{4x^2+x+1}-2x+1}\right| + C.$

w) $\ln\left|\dfrac{\sqrt{x^2+x+1}-(x+1)}{x\left[\sqrt{x^2+x+1}+(1-x)\right]}\right| + C = \ln\dfrac{\left|x+2-2\sqrt{x^2+x+1}\right|}{x^2} + C_1.$

11.9: a) $F(x) = \sqrt{2x+1} + 3\ln|3-\sqrt{2x+1}|.$ b) $F(x) = \dfrac{3}{x} + \dfrac{4}{3}\arctan\dfrac{x}{3}.$

c) $F(x) = -x + \ln\sqrt{|e^{2x}-1|}.$ d) $F(x) = \dfrac{1}{\sin x} - \dfrac{1}{3\sin^3 x}.$

e) $F(x) = \sqrt{1+4x^2}\left(\dfrac{x^2}{12} - \dfrac{1}{24}\right).$ f) $F(x) = \ln\left(e^x + \sqrt{e^{2x}-1}\right).$

g) $F(x) = \dfrac{1}{2-\tan\dfrac{x}{2}}.$ h) $F(x) = \dfrac{4}{25}x + \dfrac{3}{25}\ln(4\cos x + 3\sin x).$

i) $F(x) = 2\arctan\sqrt{x-1} + 4\ln|\sqrt{x-1}-2|.$

j) $F(x) = \sqrt{x^2+2x+3} - 3\,\mathrm{arsinh}\left(\dfrac{x+1}{\sqrt{2}}\right).$

k) $F(x) = \arctan\left(\dfrac{\sqrt{x^2+4x-4}-x}{2}\right).$

l) $F(x) = -\dfrac{\arcsin x}{x} - \ln\dfrac{1+\sqrt{1-x^2}}{x}.$

m) $F(x) = -2\ln\left(e^{-\frac{x}{2}} + \sqrt{1+e^{-x}}\right).$

n) $F(x) = \dfrac{\cos^2 x}{2} - \ln|\cos x|.$ o) $F(x) = \ln|\tan x| + \dfrac{1}{2\cos^2 x}.$

p) $F(x) = (x^3+x^2-x-3)\arctan(x-2) - \dfrac{x^2}{2} - 5x - 7\ln(x^2-4x+5).$

q) $F(x) = -\frac{1}{2}\arctan(x+1) - \frac{x+2}{2(x^2+2x+2)}$.

r) $F(x) = \frac{1}{4}\sin 2x + \frac{1}{8}\ln\left|\frac{1+\sin 2x}{1-\sin 2x}\right|$.

s) $F(x) = \frac{4}{5}\ln\left|\frac{1+\tan^2\frac{x}{2}}{\left(\tan\frac{x}{2}-2\right)\left(\tan\frac{x}{2}+\frac{1}{2}\right)}\right| + \frac{3}{5}x$.

t) $F(x) = 2\ln\left|x+\sqrt{x^2+x+1}\right| - \frac{3}{2}\ln\left|2x+1+2\sqrt{x^2+x+1}\right| + \frac{3}{4x+2+4\sqrt{x^2+x+1}}$.

12.1: a) $\frac{a^2}{2}$. b) $\frac{1}{3}(b^3-a^3)$. c) $\frac{1}{\ln 5}(5^b-5^a)$.

12.2: a) Durch x_i, $i=0(1)n$, $x_0=0$, $x_n=l$, werde der Stab in n Teile zerlegt. Die Masse eines Stabelementes wird

$m_i = \varrho(\xi_i)(x_{i+1}-x_i)$, $x_i \leqq \xi_i \leqq x_{i+1}$.

Weiter sei

$\Delta x_i := x_{i+1}-x_i$, $l_n = \max\limits_{0\leqq i\leqq n-1} \Delta x_i$.

Die Gesamtmasse ergibt sich zu

$$m = \lim_{l_n\to 0}\sum_{i=0}^{n-1} m_i = \lim_{l_n\to 0}\sum_{i=0}^{n-1}\varrho(\xi_i)\Delta x_i = \int_0^l \varrho(x)\,\mathrm{d}x.$$

b) $m = \frac{2}{5}al^2\sqrt{l}$.

12.3: a) $V = \int_{t_a}^{t_b} Qv(t)\mathrm{d}t$ (Überlegung analog zur Lösung von Aufgabe 12.2.a)).

b) Mit $\frac{t_b}{n} =: h$ und $t_i = ih$, $i=0(1)n$ wird

$$V = \lim_{h\to 0}\sum_{i=0}^{n-1} QA\,\mathrm{e}^{-khi}\cdot h = QA\lim_{h\to 0}\frac{h(1-\mathrm{e}^{-khn})}{1-\mathrm{e}^{-kh}}$$
$$= QA(1-\mathrm{e}^{-kt_b})\lim_{h\to 0}\frac{h}{1-\mathrm{e}^{-kh}} = \frac{QA(1-\mathrm{e}^{-kt_b})}{k}.$$

c) $\frac{QA}{k}$.

12.4: c) $\int_{-a}^{a} f(x)\mathrm{d}x = 2\int_0^a f(x)\mathrm{d}x$ für gerade Funktion f,

$\int_{-a}^{a} f(x)\mathrm{d}x = 0$ für ungerade Funktion f.

12.5: a) $\frac{\pi}{12}$. b) $\frac{23}{3} - 3\mathrm{e}^2 - 2\cos 2 \approx -13{,}67$.

c) $\frac{2}{n+1}$ für gerades n, 0 für n ungerade. d) $p = \mathrm{e}$. e) $\frac{3}{2}$.

f) $\ln\frac{4}{3} \approx 0{,}29$. g) $\frac{2}{3} + \ln\frac{3}{4} \approx 0{,}38$. h) 1. i) $\frac{11}{6}$.

j) $\frac{2}{3}\pi - \frac{\sqrt{3}}{2} \approx 1{,}23$. k) $\frac{1}{3}(|b|^3 - |a|^3)$. l) 0 (Aufgabe 12.4.c) beachten).

m) 4π. n) $\frac{1}{4}\ln 2 - \frac{\pi}{8} \approx -0{,}22$. o) $\frac{\pi}{15}$. p) 0 (siehe Aufgabe 12.4.c)).

q) $\frac{4}{3}$. r) $7 - 4\ln 2 \approx 4{,}23$. s) $\frac{e}{2} - 1$.

t) $\frac{\pi}{2} + 2\ln\frac{8}{9} \approx 1{,}34$. u) $\ln(1+\sqrt{3})$. v) $\frac{\pi}{4} - \frac{1}{2}$. w) $2 - \frac{\pi}{2}$.

x) $\frac{4}{7} - \frac{1}{6}\ln 7 + \frac{1}{\sqrt{3}}\left(\frac{\pi}{6} - \arctan\frac{2}{\sqrt{3}}\right) \approx 0{,}055$.

12.6: a) $\frac{1}{200} < I < \frac{1}{100}$. b) $0{,}009 < I < 0{,}010$.

12.7: a) Wegen $1 \leqq \frac{1}{\sqrt{1-x^{2n}}} \leqq \frac{1}{\sqrt{1-x^2}}$ für $x \in \left[0, \frac{1}{2}\right]$ wird $\frac{1}{2} < I < \arcsin\frac{1}{2} < 0{,}524$.

b) $\frac{1}{2} < I < \frac{\pi}{6}$. c) $\frac{1}{2} < I < \frac{2}{3}$. d) $0 < I < \frac{1}{30}$. e) $1 < I < \frac{32}{31}$.

12.8: a) 8. b) $\frac{1}{32}(\pi^2 - 8)$. c) $2\sqrt{3} + \frac{\pi}{3}$. d) 9.

12.9:
$$A = 2\left[\int_0^{\frac{1}{\sqrt{2}}} \frac{dx}{(x^2-1)^2} + 4\left(\sqrt{\frac{3}{2}} - \frac{1}{\sqrt{2}}\right) + \int_{\sqrt{\frac{3}{2}}}^{2} \frac{dx}{(x^2-1)^2}\right]$$
$$= 5\sqrt{6} - 3\sqrt{2} - \frac{2}{3} + \ln\left[(\sqrt{2}+1)(3-\sqrt{6})\right] \approx 7{,}62.$$

12.10: $A = \frac{72}{5}\sqrt{3}$. **12.11:** $A = \frac{3}{8}\pi r^2$. **12.12:** Nein.

12.13: $m = -1$, $A_{\min} = \frac{2}{3}$. **12.14:** $x_s = \frac{\pi}{2}$, $y_s = \frac{\pi}{8}$.

12.15: a) $A = 2(1 - e^{-3} + \ln 2) \approx 3{,}29$,
$$x_s = \frac{2 + 2e^{-3} + \ln 2}{1 - e^{-3} + \ln 2} \approx 1{,}70, \quad y_s = \frac{2 - e^{-6}}{2(1 - e^{-3} + \ln 2)} \approx 0{,}61.$$
b) $V = 2\pi y_s \cdot A \approx 12{,}55$.

12.16: $F(a) = 1 - a e^{-a} - e^{-a} \to 1$ für $a \to +\infty$,
$$x_s = \frac{2 - (a^2 + 2a + 2)e^{-a}}{F(a)} \to 2 \quad \text{für} \quad a \to +\infty;$$
$$y_s = \frac{1 - (2a^2 + 2a + 1)e^{-2a}}{8F(a)} \to \frac{1}{8} \quad \text{für} \quad a \to +\infty.$$

12.17: a) $\frac{2\pi}{15}(32\sqrt{2} - 40) \approx 2{,}20$. b) $\frac{1093}{9}\pi$. c) $\frac{\pi^2}{2} - \frac{2}{3}\pi \approx 2{,}84$.

d) $\frac{40}{3}\pi$. e) $\frac{\pi}{2} \cdot \frac{x_0^2}{(1 + x_0^2)} \to \frac{\pi}{2}$ für $x_0 \to +\infty$.

f) $V = 2\pi x_s \cdot A = \pi(\pi - 2)$.

12.18: a) $\frac{35}{16}\pi$. b) $4\pi r^2$ (Kugeloberfläche).

c) $2\pi[\sqrt{2} + \ln(\sqrt{2} + 1)] \approx 14{,}42$.

12.19: a) $\pi - 2$. b) $\frac{\pi^3}{8} - \frac{\pi}{2}$.

12.20: a) $\frac{2}{5}\pi p^3$. b) $\frac{4}{15}\pi p^3$.

12.21: $x_s = \frac{32r}{3(12-\pi)}$, $y_s = \frac{20r}{3(12-\pi)}$.

12.22: a) $\sqrt{2} + \ln(1 + \sqrt{2}) \approx 2{,}30$. b) $2\sinh a$. c) $\frac{54}{5}$. d) $6 + \frac{1}{4}\ln 2$.

e) $\frac{13}{12}(e^{12} - 1)$. f) $2 + \ln\frac{3}{2}$. g) $\frac{1}{27a^2}\left(\sqrt{(9a^2 \cdot t_0^2 + 4)^3} - 8\right)$.

h) $\frac{5}{8}\pi^2$. i) 6. j) $\frac{64}{3}$. k) $4\sqrt{5} + 2\ln(2 + \sqrt{5}) \approx 11{,}83$.

l) $\sqrt{3}$. m) $\frac{3}{4}\sqrt{2}(e^4 - 1)$.

12.23: a) $\frac{19}{6}$. b) $\frac{11}{2}$. c) $A = \frac{1}{2}\int\limits_0^{\pi/3} \sqrt{3}\, dt = \frac{\sqrt{3}}{6}\pi$.

12.24: $A = \frac{1}{4}(e^{4\pi} - 1)$;

$x(t) = e^{\tilde{\varphi}(t)} \cdot \cos\tilde{\varphi}(t)$, $y(t) = e^{\tilde{\varphi}(t)} \sin\tilde{\varphi}(t)$ mit $\tilde{\varphi}(t) = \frac{1}{2}\ln(4t + 1)$, $0 \leqq t \leqq \frac{1}{4}(e^{4\pi} - 1)$.

A	1	10	100	1 000	10 000
φ	46,1°	106,4°	171,7°	237,6°	303,6°

12.25: $r(\varphi) = a\sqrt{2\cos 2\varphi}$, $-\frac{\pi}{4} \leqq \varphi \leqq \frac{\pi}{4} \vee \frac{3}{4}\pi \leqq \varphi \leqq \frac{5}{4}\pi$;

$A = 4 \cdot \frac{1}{2}\int\limits_0^{\pi/4} r^2(\varphi)\, d\varphi = 2a^2$;

$V = \pi a^3\left[\ln(\sqrt{2} + 1) - \frac{\sqrt{2}}{3}\right] \approx 1{,}29a^3$, (Bild 12.1).

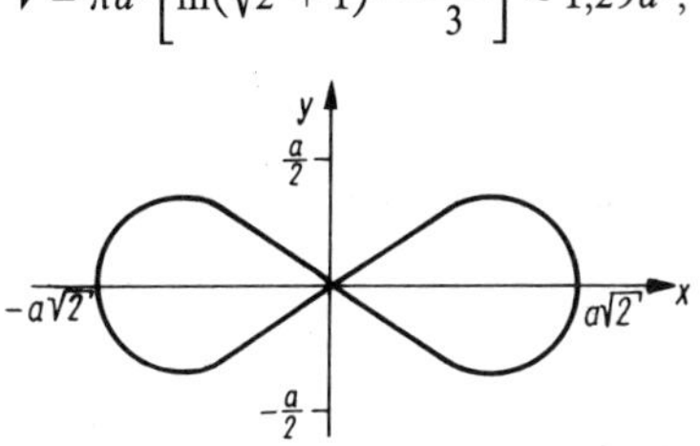

Bild 12.1

12.26: a) $s = 16a$, $S\left(\frac{8}{5}a, 0\right)$. b) $A = 6\pi a^2$, $S\left(\frac{5}{3}a, 0\right)$.

12.27: a) $l = 8a$. b) $x_0 = a\left(\frac{2}{3}\pi - \frac{\sqrt{3}}{2}\right)$. c) $V = 5\pi^2 a^3$, $O = \frac{64}{3}\pi a^2$.

d) $S\left(a\pi; \frac{4}{3}a\right)$. e) $\frac{256}{15}a^3$.

12.28: a) $I = 2$. b) $S_6 = 2{,}000\,863$. c) $|R| \leqq 0{,}001\,312$.

12.29: a) $T_{10} = 0{,}785\,0$, $S_{10} = 0{,}785\,4$, exakt: $\frac{\pi}{4} \approx 0{,}785\,398$.

b) $T_4 = 0{,}861\,7$, $S_4 = 0{,}867\,1$, exakt: $0{,}867\,0$.

c) $T_{10} = 0{,}776\,1$, $S_{10} = 0{,}781\,8$, exakt: $\frac{\pi}{4}$, (siehe a)).

d) $T_6 = 0{,}269\,7$, $S_6 = 0{,}272\,2$.

12.30: $T_{10} = 0{,}746\,21$, $S_{10} = 0{,}746\,83$.

12.31: a) $s = \int\limits_0^1 \sqrt{1 + 4x^2}\,\mathrm{d}x = \frac{1}{4}\left[2\sqrt{5} + \ln(2 + \sqrt{5})\right] \approx 1{,}478\,94\ldots$, $S_4 = 1{,}478\,98$.

b) $s = \int\limits_0^{\pi/2} \sqrt{1 + \cos^2 x}\,\mathrm{d}x$, $S_6 = 1{,}910\,1$.

12.32: $S_8 = 0{,}765\,0$, $|R| \leqq 2{,}6 \cdot 10^{-4}$.

13.1: a) 2. b) $\frac{1}{2}$. c) $\frac{1}{2}$. d) Divergent. e) Divergent. f) $\frac{\pi}{3}$.

g) $\frac{4}{3}$. h) $2\mathrm{e}^{-3}$. i) $\pi - 2$. j) -1. k) Divergent. l) 2π. m) $\frac{2}{5}\mathrm{e}^{\frac{\pi}{2}}$.

n) Divergent. o) $\frac{\pi}{4} + \ln\sqrt{2}$. p) $\frac{\pi}{2}$. q) $\frac{\pi^2}{8}$. r) $2a^2$. s) π.

t) $2 + \frac{2}{3}\pi$. u) $\frac{1}{2}\ln\frac{4}{3}$. v) $J_n = \frac{3 \cdot 5 \cdot 7 \cdot \ldots \cdot (2n-3)}{2^n \cdot (n-1)!}\pi$. w) $\pi \cdot \frac{b \cdot a}{|b - a|}$.

13.2: a) $\frac{1}{1-t}$ für $t < 1$. b) $\frac{1}{(t-1)\ln^{t-1} a}$ für $t > 1$.

13.3: $\Gamma(n) = (n-1)!$, $n = 1, 2, \ldots$

13.4: $J_n = \frac{1}{2}n!$, $n = 0, 1, 2, \ldots$

13.5: a) α) existiert nicht; β) $-\ln 2$. b) α), β) existieren nicht.

c) α), β) $2 + 2\sqrt{2}$. d) α) existiert nicht; β) $\frac{\pi}{2}$.

e) α) existiert nicht; β) $-\ln 2$. f) α) existiert nicht; β) 0.

g) α), β) 3. h) α) existiert nicht; β) $-\frac{3}{4}\pi$.

13.6: a) Konvergent. b) Konvergent.

c) Konvergent $\left(\text{z. B. } \mathrm{e}^{-x^2} < \frac{1}{x^2} \text{ für } x \geqq 1 \text{ beachten}\right)$.

d) Konvergent für $p > 1$, divergent für $p \leqq 1$.

e) Divergent, $\left(\frac{1}{x+2} \leqq \frac{x^2}{x^3 + x + 1} \text{ für } x \geqq 1\right)$.

f) Konvergent. g) Konvergent für $p < 1$, divergent für $p \geqq 1$.

14.1: a), b), d), e) Ja. c) Nein.

14.2: a) Partialbruchzerlegung, $|s_n - s| = (n+1)^{-2} < 10^{-4}$ für $n > 99$. b) $n \geqq 2\,500$.

14.3: a), c), e), f), g), h), i), j), l), n), o), q), r), s), t), u), v), x) Konvergenz.
b), d), k), m), p), w) Divergenz.

14.4: a) Falls k hinreichend groß ist, gilt $|a_k| < (A+\varepsilon)|b_k|$ und $|a_k| > (A-\varepsilon)|b_k|$.
b) $|a_k| < \varepsilon |b_k|$. c) $|a_k| > M|b_k|$.

14.5: b), c), d), h), i), j), k) Konvergenz. a), e), f), g) Divergenz.

14.6: a), c), e), f) im Fall $0 < q < 1$ und $1 < q < +\infty$. g), h), i) Konvergenz.
b), d), f) im Fall $q = 1$. j) Divergenz.

14.7: a) $-1 < x < 1$. b) $-3 < x < -1$. c) Kein x.

14.8: a) $(\pi - 1)/2 \leqq x \leqq (\pi + 1)/2$. b) $0 \leqq x < +\infty$. c) $-\infty < x < +\infty$.

15.1: a) $x_0 = 0,\ r = 1/3$. b) $x_0 = 1/2,\ r = (1/2)\,3^{1/3} = 0{,}721\,1\ldots$
c) $x_0 = 2,\ r = 0$. d) $x_0 = 0,\ r = \infty$.
e) $x_0 = 0,\ r = \infty$. f) $x_0 = -\pi/\mathrm{e},\ r = \mathrm{e}^{-2} = 0{,}135\,3\ldots$
g) $x_0 = 0,\ r = \infty$. h) $x_0 = 0,\ r = 1$.
i) $x_0 = 1/3,\ r = (2/27)\,3^{1/2}\,2^{1/3} = 0{,}161\,6\ldots$ j) $x_0 = \pi^{1/2},\ r = 0$.

15.2: a) $-1 < x \leqq 1$. b) $-1/2 \leqq x < 1/2$. c) $-1 \leqq x < 3$. d) $-1 \leqq x < 0$.

15.3: Konvergenz gesichert für:
a) $-7 \leqq x < -3$. b) $-7 \leqq x < -3$. c) $0 < x \leqq 1$.
d) $-\pi - 1 < x < -\pi$ und $-\pi < x < -\pi + 1$; Divergenz gesichert für:
a) $x < -10$ und $x \geqq 0$. b) $x < -7$ und $x > -3$. c) $x < 0$ und $x > 1$. d) Nirgends.

15.4: a) $x(1-x)^{-2}$. b) $x(x+1)(1-x)^{-3}$. c) $(x^3 + 4x^2 + x)(1-x)^{-4}$.

15.5: $R(x) = -1/x$, $a = 0$. Integral an der Stelle $x = 0$ nicht uneigentlich wegen $\lim\{-(1/x)\ln(1-x)\} = 1 \neq \infty$ für $x \to +0$.

15.6: a) $\sin(3x) = \sin(3[x + (\pi/3)] - \pi) = -\sin(3x + \pi) = \sum (-1)^{k+1}\{(2k+1)!\}^{-1}(3x+\pi)^{2k+1}$, wobei k von 0 bis ∞ läuft, $-\infty < x < +\infty$.

b) $x^{3/2} = [1 + (x-1)]^{3/2} = \sum \binom{3/2}{k}(x-1)^k$, wobei k von 0 bis ∞ läuft,

$\binom{3/2}{0} = 1$; $\binom{3/2}{1} = 3/2$; $\binom{3/2}{2} = (2!)^{-1}(3/2)(1/2)$;

$\binom{3/2}{k} = 3(-1)^k(k!)^{-1}2^{-k}\cdot 1\cdot 3\cdot\ldots\cdot(2k-5)$, $(k = 3, 4, \ldots)$, $0 \leqq x \leqq 2$.

15.7: a) $c_0 + \sum (c_k - c_{k-1})\,x^k\ (k = 1, 2, \ldots)$.
b) $\sum a_k x^k\ (k = 0, 1, \ldots)$ mit $a_k = \sum c_l\ \ (l = 0, 1, \ldots, k)$.

15.8: a) $2 + x - (1/6)\,x^2 + (1/12)\,x^3 - (19/360)\,x^4 + \ldots$
b) $(1/2) + (1/2)\,x + (1/2)\,x^2 + (1/2)\,x^3 + (1/3)x^4 + \ldots$

15.9: a) 1/2. b) a^3/b^3. c) 1/3. d) 0. e) 1/2. f) 2. g) 1/2.

15.10: a) $2{,}182\,539\,68\ldots \cdot 10^{-4}x^7 + \ldots$ b) $5{,}\overline{5} \cdot 10^{-3}x^5 + \ldots$

15.11: a) $f(x) = 0$ für $0 \leqq x < 1$, $f(x) = 1$ für $x = 1$. $N(\varepsilon, x) = (\ln \varepsilon)(\ln x)^{-1}$ für $0 \leqq x < 1$, $N(\varepsilon, x) = 0$ für $x = 1$; $N = N(\varepsilon)$ unmöglich.
b) Nein.
c) $g_n(x) = x^n$ $(n = 0, 1, \ldots)$, keine gleichmäßige Konvergenz.
d) Gleichheitszeichen bleibt erhalten. Gleichmäßige Konvergenz ist für gliedweise Integration hinreichend, aber nicht notwendig.
e) $h_n(x) = x^n/n$, $h(x) = 0$ $(0 \leqq x \leqq 1)$. Gleichmäßige Konvergenz liegt vor. Der Satz über gliedweise Differentiation ist nicht anwendbar, da die durch gliedweise Differentiation entstehende Reihe nicht gleichmäßig konvergent ist.
f) Nein.

15.12: a) α) $\Phi(x) = (1/2) + (2\pi)^{-1/2} \sum (-1)^k 2^{-k} (k!)^{-1} (2k+1)^{-1} x^{2k+1}$, wobei k von 0 bis ∞ läuft, $r = \infty$, alternierend wegen $(-1)^k$ und den ungeraden Potenzen von x; $k_0 > -1 + (1/2)x^2$;
β) $\mathrm{Si}(x) = \sum (-1)^k (2k+1)^{-1} \{(2k+1)!\}^{-1} x^{2k+1}$, wobei k von 0 bis ∞ läuft, $k_0 > -(3/2) + (1/2)|x|$.
b) α) $\Phi(1) = 0{,}841\,353\,5\ldots + R$, $-9{,}444\,7 \cdot 10^{-6} < R < 0$;
$\Phi(3) = 2{,}000\,575\ldots + R$, $-1{,}673\,1 < R < 0$; (unbrauchbar!);
β) $\mathrm{Si}(1) = 0{,}946\,083\,072\ldots + R$, $-2{,}28 \cdot 10^{-9} < R < 0$;
$\mathrm{Si}(10) = 143{,}85\ldots + R$, $-227{,}75 < R < 0$ (unbrauchbar!).
c) α) $\Phi(3) = 1 + (2\pi)^{-1/2} \exp(-9/2)\{-(1/3) + (1/27)\} + R = 0{,}998\,686\,8\ldots + R$,

$$R = -3(2\pi)^{-1/2} \int_3^{\infty} t^{-4} \exp\{-(1/2)t^2\}\,\mathrm{d}t,$$

$$|R| < 3(2\pi)^{-1/2} \exp\{-(1/2) \cdot 3^2\} \int_3^{\infty} t^{-4}\,\mathrm{d}t, \quad -1{,}65 \cdot 10^{-4} < R < 0;$$

β) $\mathrm{Si}(10) = (\pi/2) + \{-(1/10) + (2/1\,000)\}\cos(10) + \{-(1/100) + (6/10\,000)\}$

$$\sin(10) + R = 1{,}658\,139\ldots + R, \quad R = -\int_{10}^{\infty} 24t^{-5} \sin t\,\mathrm{d}t,$$

$$0 < R < 24 \int_{10}^{4\pi} t^{-5}\,\mathrm{d}t < 3{,}6 \cdot 10^{-4}.$$

15.13: $J = \sum_{k=0}^{\infty} \binom{-(1/2)}{k} (6k+1)^{-1} 2^{1/2} 2^{-3k} = 1{,}401\,58\ldots + R$, $0 < R < 6{,}4 \cdot 10^{-4}$.

16.1: b) $f((T/2) + (x - (T/2))) = f((T/2) - (x - (T/2))) \Leftrightarrow f(x) = f(-x + T) \Leftrightarrow f(x) = f(-x)$.
c) cos: kleinste Periode T/k, $x_g = (T/2k)m$ $(m = 0, \pm 1, \ldots)$,
$x_u = (T/4k) + (T/2k)m$ $(m = 0, \pm 1, \ldots)$, sin: ...
d) Gerade: $\cos(2\pi kx/T)$, falls k gerade, und $\sin(2\pi kx/T)$, falls k ungerade. Ungerade: ...
e) f gerade $\Rightarrow b_k = 0$ $(k = 1, 2, \ldots)$, f ungerade $\Rightarrow a_k = 0$ $(k = 0, 1, 2, \ldots)$.
f) f gerade bezüglich $x = 0$ und $x = T/4 \Rightarrow a_{2m+1} = 0$ $(m = 0, 1, 2, \ldots)$, $b_k = 0$ $(k = 1, 2, \ldots)$; f ungerade bezüglich $x = 0$ und $x = T/4 \Rightarrow a_k = 0$ $(k = 0, 1, 2, \ldots)$, $b_{2m+1} = 0$ $(m = 0, 1, 2, \ldots)$.
g) f ungerade für $x = 0$ und gerade für $x = T/4 \Rightarrow a_k = 0$ $(k = 0, 1, 2, \ldots)$, $b_{2m} = 0$ $(m = 1, 2, \ldots)$; f gerade für $x = 0$ und ungerade für $x = T/4 \Rightarrow a_{2m} = 0$, $(m = 0, 1, 2, \ldots)$; $b_k = 0$ $(k = 1, 2, \ldots)$.

16.2: a) $f(0) = h$, $f(a) = 0$, $f(T/2) = 0$, $a_0 = 2ha/T$,
$a_k = hT(a\pi^2)^{-1} k^{-2} (1 - \cos(2\pi ka/T))$, $(k = 1, 2, \ldots)$, $b_k = 0$ $(k = 1, 2, \ldots)$,
speziell $a \to T/2$ und $x = 0$: $\sum (2m+1)^{-2} = \pi^2/8$, $(m = 0, 1, 2, \ldots)$.
b) $a_0 = 4/\pi$, $a_{2m+1} = 0$ $(m = 0, 1, 2, \ldots)$, $a_{2m} = -(4/\pi)(4m^2 - 1)^{-1}$, $(m = 1, 2, \ldots)$.

$b_k = 0$ $(k = 1, 2, \ldots)$, speziell $x = 0 : \sum (4m^2 - 1)^{-1} = (1/2)$ $(m = 1, 2, \ldots)$.

c) Kurve $y = f(x)$ $(0 \leqq x \leqq T/2)$ ist Parabelbogen [Scheitel: $((T/4); (T^2/16))$], $a_k = 0$ $(k = 0, 1, 2, \ldots)$, $b_{2m} = 0$ $(m = 1, 2, \ldots)$, $b_{2m+1} = 2T^2\pi^{-3}(2m+1)^{-3}$ $(m = 0, 1, 2, \ldots)$, speziell $x = T/4 : \sum (-1)^m (2m+1)^{-3} = \pi^3/32$, $(m = 0, 1, 2, \ldots)$.

d) $a_k = 0$ $(k = 0, 1, 2, \ldots)$, $b_{2m} = 0$ $(m = 1, 2, \ldots)$, $b_{2m+1} = 2hT(a\pi^2)^{-1}(2m+1)^{-2}\sin(2\pi a T^{-1}(2m+1))$, $(m = 0, 1, 2, \ldots)$; speziell $a \to +0 : b_{2m+1} = (4h/\pi)(2m+1)^{-1}$.

e) $T = 2\pi$, $a_0 = \pi/2$, $a_{2m} = 0$ $(m = 1, 2, \ldots)$, $a_{2m+1} = -(2/\pi)(2m+1)^{-2}$, $(m = 0, 1, \ldots)$, $b_k = (-1)^{k+1}(1/k)$, $(k = 1, 2, \ldots)$, speziell $x = \pi/2 : \sum (-1)^m (2m+1)^{-1} = \pi/4$, $(m = 0, 1, 2, \ldots)$.

f) $a_k = 0$ $(k = 0, 1, 2, \ldots)$, $b_{2m} = (\pi m)^{-1}$, $(m = 1, 2, \ldots)$, $b_{2m+1} = (2/\pi)(2m+1)^{-1} + (4/\pi^2)(-1)^m(2m+1)^{-2}$, $(m = 0, 1, 2, \ldots)$.

g) $a_0 = (2/3)A\pi^2 + 2C$, $a_k = 4(-1)^k A k^{-2}$, $(k = 1, 2, \ldots)$, $b_k = 2(-1)^{k+1}B(1/k)$, $(k = 1, 2, \ldots)$.

h) $a_k = 0$, $(k = 0, 1, 2, \ldots)$, $b_{2m+1} = 0$, $(m = 0, 1, 2, \ldots)$, $b_{2m} = (8/\pi)m(4m^2 - 1)^{-1}$.

i) $a_0 = (\pi a)^{-1}\sin(2\pi a)$, $a_k = (4a/\pi)(-1)^k(4a^2 - k^2)^{-1}\sin(2\pi a)$, $(k = 1, 2, \ldots)$, $b_k = 0$, $(k = 1, 2, \ldots)$, $\cot z = (1/z) + \sum \{(z - \pi k)^{-1} + (z + \pi k)^{-1}\}$, $(k = 1, 2, \ldots)$.

j) $a_0 = (2/\pi a)\sinh(\pi a)$, $a_k = (2a/\pi)(-1)^k(a^2 + k^2)^{-1}\sinh(a\pi)$, $(k = 1, 2, \ldots)$, $b_k = 0$ $(k = 1, 2, \ldots)$, $\coth z = (1/z) + \sum 2z(z^2 + (k\pi)^2)^{-1}$, $(k = 1, 2, \ldots)$.

k) $a_0 = 1$, $a_k = 0$, $(k = 1, 2, \ldots)$, $b_{2m} = 0$ $(m = 1, 2, \ldots)$; $(\cos u)(\sin v) = (1/2)\{\sin(u + v) - \sin(u - v)\}$, $b_{2m+1} = (2/\pi)\{(2m+1)^2 - 8\}\{2m+1\}^{-1}\{(2m+1)^2 - 4\}^{-1}$.

l) $a_0 = (2/a\pi)\sinh(a\pi)$, $a_k = (2a/\pi)(-1)^k(a^2 + k^2)^{-1}\sinh(a\pi)$, $b_k = -(k/a)a_k$, $(k = 1, 2, \ldots)$.

m) $a_0 = l^2/6$, $a_{2m+1} = 0$, $(m = 0, 1, 2, \ldots)$, $a_{2m} = (-1)^m(l^2/\pi^2)m^{-2}$, $(m = 1, 2, \ldots)$, $b_k = 0$, $(k = 1, 2, \ldots)$, speziell $x = 0 : \sum (-1)^{m+1}m^{-2} = \pi^2/12$, $(m = 1, 2, \ldots)$.

n) $(\cos u)(\sin v) = (1/2)\{\sin(u + v) - \sin(u - v)\}$, $a_k = 0$, $(k = 0, 1, 2, \ldots)$, $b_k = 4(-1)^{k+1}k(k^2 - 16)^{-1}$, $(k = 1, 2, \ldots$, jedoch $k \neq 4)$, $b_4 = -(1/4)$, speziell $x = \pi : \sum (-1)^{m+1}(2m+1)\{(2m+1)^2 - 16\}^{-1} = \pi/4$, $(m = 0, 1, 2, \ldots)$.

o) $a_{2m} = 0$, $(m = 0, 1, 2, \ldots)$; $a_{2m+1} = (2m+1)^{-2}$, $(m = 0, 1, 2, \ldots)$; $b_k = 0$, $(k = 1, 2, \ldots)$.

p) Die Kurve $y = x^2 - x + (1/6)$ $(0 < x < 1)$ ist ein Parabelbogen [Scheitel: $((1/2); -(1/12))$], $a_0 = 0$, $a_{2m+1} = 0$, $(m = 0, 1, 2, \ldots)$, $a_{2m} = m^{-2}$, $(m = 1, 2, \ldots)$, $b_k = 0$, $(k = 1, 2, \ldots)$.

16.3: a) $(\pi/8)x(\pi \pm x)$, oberes Zeichen, falls $-\pi < x < 0$, unteres, falls $0 \leqq x < \pi$. b) $(\pi/96)(\mp 4x^3 - 6\pi x^2 + \pi^3)$.

c) $(\pi/96)(\mp x^4 - 2\pi x^3 + \pi^3 x)$, $(\pi/960)(\pm 2x^5 + 5\pi x^4 - 5\pi^3 x^2 + \pi^5)$.

d) $(\pi^3/3)(2x^3 \pm 3x^2 + x)$. e) $(\pi^4/3)\{-x^4 \mp 2x^3 - x^2 + (1/30)\}$.

f) $(\pi^5/45)(-6x^5 \mp 15x^4 - 10x^3 + x)$, $(\pi^6/45)\{2x^6 \pm 6x^5 + 5x^4 - x^2 + (1/21)\}$.

16.4: a) $c_k = (-1)^k\pi^{-1}(4 + k^2)^{-1}(2 + \mathrm{i}k)\sinh(2\pi)$.

b) $c_k = (-1)^k\pi^{-1}(1 + k^2)^{-1}\sinh\pi$.

c) $c_0 = 1/2$, $c_1 = (1/4) + (\mathrm{i}/\pi)$, $c_{-1} = (1/4) - (\mathrm{i}/\pi)$, $c_{2m} = (2\mathrm{i}/\pi)m(1 - 4m^2)^{-1}$, $(m = \pm 1, \pm 2, \ldots)$, $c_{2m+1} = (\mathrm{i}/\pi)(2m+1)^{-1}$, $(m = 1$ und $m = \pm 2, \pm 3, \ldots)$.

d) $c_0 = 0$, $c_k = (-1)^k(\mathrm{i}/\pi k)$, $(k = \pm 1, \pm 2, \ldots)$.

e) $c_0 = \pi^2/3$, $c_k = (-1)^k(2/k^2)$, $(k = \pm 1, \pm 2, \ldots)$.

f) $c_k = (-1)^k(\mathrm{i}k/\pi)(1 + k^2)^{-1}\sinh\pi$.

g) $c_k = A(\pi k)^{-1}\sin\{\pi k(\tau/T)\}$, f ist eine gerade Funktion.

h) $c_k = \mathrm{i}A(\pi k)^{-1}\{-1 + \cos[\pi k(\tau/T)]\}$, f ist ungerade.

16.5: a) $F(\omega) = A\,\mathrm{i}\omega^{-1}(\exp(-\mathrm{i}\omega b) - \exp(-\mathrm{i}\omega a))$, $(\omega \neq 0)$, $F(0) = A(b-a)$
speziell: $2A\omega^{-1}\sin(\omega\tau/2)$.

b) $n = 1$: $F(\omega) = -\omega^{-2} + \{\exp(-\mathrm{i}a\omega)\}\{\omega^{-2} + (\mathrm{i}a/\omega)\}$,
$n = 2$: $F(\omega) = 2\mathrm{i}\omega^{-3} + \{\exp(-\mathrm{i}a\omega)\}\{-2\mathrm{i}\omega^{-3} + 2a\omega^{-2} + (\mathrm{i}/\omega)a^2\}$,
$n = 3$: $F(\omega) = 6\omega^{-4} + \{\exp(-\mathrm{i}a\omega)\}\{-6\omega^{-4} - 6\mathrm{i}a\omega^{-3} + 3a^2\omega^{-2} + (\mathrm{i}/\omega)a^3\}$.

c) $F(\omega) = 2A\,\mathrm{i}\omega^{-1}\{-1 + \cos(\omega\tau/2)\}$.

d) $F(\omega) = (2/\omega^2)\mathrm{e}^{-\mathrm{i}\omega} - (1/\omega^2)\mathrm{e}^{-2\mathrm{i}\omega} - (1/\omega^2)$.

16.6: b) $A(t) = -(2/\pi)(p_0/h)\,t^{-3}\sin(ct)$, $B(t) = tA(t)$.

c) $A(t) = -(P/\pi h)\,t^{-2}$, $B(t) = tA(t)$.

d) Integraltafel benutzen oder mit Eulerscher Formel $\mathrm{e}^{\mathrm{i}\varphi} = \cos\varphi + \mathrm{i}\sin\varphi$ die Integration

$$\int \mathrm{e}^{ax}(\cos(bx) + \mathrm{i}\sin(bx))\,\mathrm{d}x = \int \mathrm{e}^{(a+\mathrm{i}b)x}\,\mathrm{d}x = (a+\mathrm{i}b)^{-1}\mathrm{e}^{(a+\mathrm{i}b)x}$$
$$= (a-\mathrm{i}b)(a^2+b^2)^{-1}\mathrm{e}^{ax}(\cos(bx) + \mathrm{i}\sin(bx))$$

nachrechnen und danach in Real- und Imaginärteil zerlegen.

$\int x\mathrm{e}^{(a+\mathrm{i}b)x}\,\mathrm{d}x$ durch partielle Integration auswerten.

$\sigma_x = (2P/\pi h)\,x^2y(x^2+y^2)^{-2}$, $\sigma_y = (2P/\pi h)\,y^3(x^2+y^2)^{-2}$, $\tau_{xy} = (2P/\pi h)\,xy^2(x^2+y^2)^{-2}$.

e) $\sigma_x = (2P/\pi h)\,x^3(x^2+y^2)^{-2}$, $\sigma_y = (2P/\pi h)\,xy^2(x^2+y^2)^{-2}$, $\tau_{xy} = (2P/\pi h)\,x^2y(x^2+y^2)^{-2}$.